約瑟芬的 不玩花樣！
手工皂達人
養 成 書

GIVREL

善用油，
才能作好皂！

約瑟芬的 不玩花樣！
手工皂達人 養成書

從自學自用到品牌經營，了解「油脂特性＆脂肪酸」，
讓你不只玩玩，更能知其所以然！

善用油，
才能作好皂！

不藏私，與你分享。

踏入「手作」這個領域簡直是以前無法想像的事，從小手拙，連家政作業都是由媽媽完成的人，如何想像有一天會與「手作」產生因緣。其實崇尚自然才是我接觸手工皂的起心動念。無論是接觸芳療或手工皂，都是源自於天然純淨的因素；「天然」、「健康」、「環保」常常是「手作」衍伸的代名詞，所以這才會在現今環境引起莫大共鳴。我最初接觸「手工皂」之際是抱著玩一玩的心態，自家農莊在榨苦茶油，苦茶油的優點可以如數家珍，踏入「手工皂」成了必然之路。然而任何一個領域都會由初接觸慢慢進入專業範疇，從玩玩到深入研究應該算是我個性上的特質，沒有「弄清楚」誓不罷休，所以鑽研油脂之路是自然而然的。雖然我不是學化工的人，卻在鑽研路上深深愛上這些分子、原子的連連看，且著迷於自然界的奧祕；大自然恩賜予我們這麼豐富的資源，只要懂得運用，信手拈來都是能量的轉換，能讓我們健康，使我們美麗。

　　人生歷程都是因緣際會的，教學也是另一種新接觸、新領域，認真是本分，專業則是自我期許，這都是寫這本書的動機。期待所有手工皂 DIY 者，不只玩玩，還能知其所以然，以我自己學習的過程與大家分享，老師會不會藏私？── 會寫書的老師不會！期待本書能提升各位 DIY 者的製作知識與品質。

Contents

Part 1
一塊手工皂的誕生

天然、原始是手工皂的重要特質，
也應該是所有DIY者的堅持。

為何要使用手工皂？

近年來手工皂在坊間成為一個很夯的產品，用過的讚不絕口，沒用過的人也會聽說一些它的傳奇，很多人的富貴手、異位性皮膚炎、濕疹……都是使用手工皂改善的，於是代言聲不絕於耳，手工皂漸漸成為美容聖品，成為皮膚救星。

現代環境石化洗劑充斥，塑化劑風暴教導了消費者石化產品會危害身體、破壞環境的嚴重後果，但是在市場上無從選擇的情況下，只能在產品架上斟酌挑選「較安全」的產品，或乾脆只以清水來清潔身體。但是過與不及都不是合適的清潔方式，於是溫和不傷害肌膚、自然分解於大自然、不傷害水源，且兼具清潔與環保功能的手工皂廣受歡迎。它的溫和不殘留讓我們長期受害的肌膚得以休養生息，恢復光澤與健康，於是問題肌膚得以改善，但是聲稱療效的說法卻又言過其實了！畢竟短短 10 分鐘至 15 分鐘的沐浴時間，加上大量的清水沖洗，要達到治療效果是力量薄弱的，身為一個老師不可誤導學員或過度的宣傳，使得大眾產生不切實的期待。

什麼是手工皂？
手工皂的成分＆形成理論

從老祖先的生活經驗，我們得知來自水果果實、堅果及植物種籽中的油分具有多元的功用，富含油分的種籽、果實及堅果，自古以來就一直是人類生活中不可或缺的物品。這小小的一粒種籽集合了太陽的能量，是從古至今人類最基礎也是最重要的養分來源。這些植物油提供的不僅是有身體所需的養分，對於保護及加強身體＆皮膚的功能亦有顯著的助益。 因此，運用這些豐富的特性，植物油還可以作為治療用品，甚至可以製成美妝產品。

油脂 ＋ 氫氧化鈉／氫氧化鉀 ＋ 水 ＝ 皂（＋不皂化物） ＋ 甘油

使用「天然植物／動物油脂」加上「強鹼溶液」（ 氫氧化鈉／氫氧化鉀），經過攪拌，不使用工業的製程＆非天然材質與過度的添加，以一個原始而簡單的方式，就能作出來的皂就是手工皂。天然、原始是它的重要特質，也應該是所有 DIY 者的堅持。

油脂 ＋ 氫氧化鈉／氫氧化鉀 ＋ 水 ＝ 皂（＋不皂化物） ＋ 甘油

「油脂」的組成＆結構

　　油脂是「油」與「脂」的總稱，油脂包括植物性油脂與動物性油脂。油脂主要成分為脂肪酸和甘油組成的脂肪酸甘油酯，天然動、植物油脂與蠟都是由各種脂肪酸以不同的比例構成「脂肪酸甘油酯」。在常溫常壓下呈現液態的稱為油，呈固態或半固態稱為脂。例如：植物油通常呈液態，即為油；動物油脂通常呈固態，則為脂。油＆脂通稱為油脂。

　　植物性油脂的種類繁多，一般是由植物種子或果實經壓榨或萃取而得，因氣候條件、土壤類型、地理位置、植株的成熟程度及各種環境因素等影響其化學組成，動物脂肪的組成則隨動物種類而異。

　　人們日常食用的豬油、牛油、花生油、大豆油等，均是含碳的碳氫化合物。動、植物油脂通常是指由至少 8 個碳以上的「高級脂肪酸」與「甘油」經酯化反應所形成之「三酸甘油酯」。 一般油脂通常是含數種甘油酯的混合物，而非純粹只有一種，所以造成不同的特性，也無明顯的熔點。

油脂（三酸甘油酯）的化學組合式結構如下。

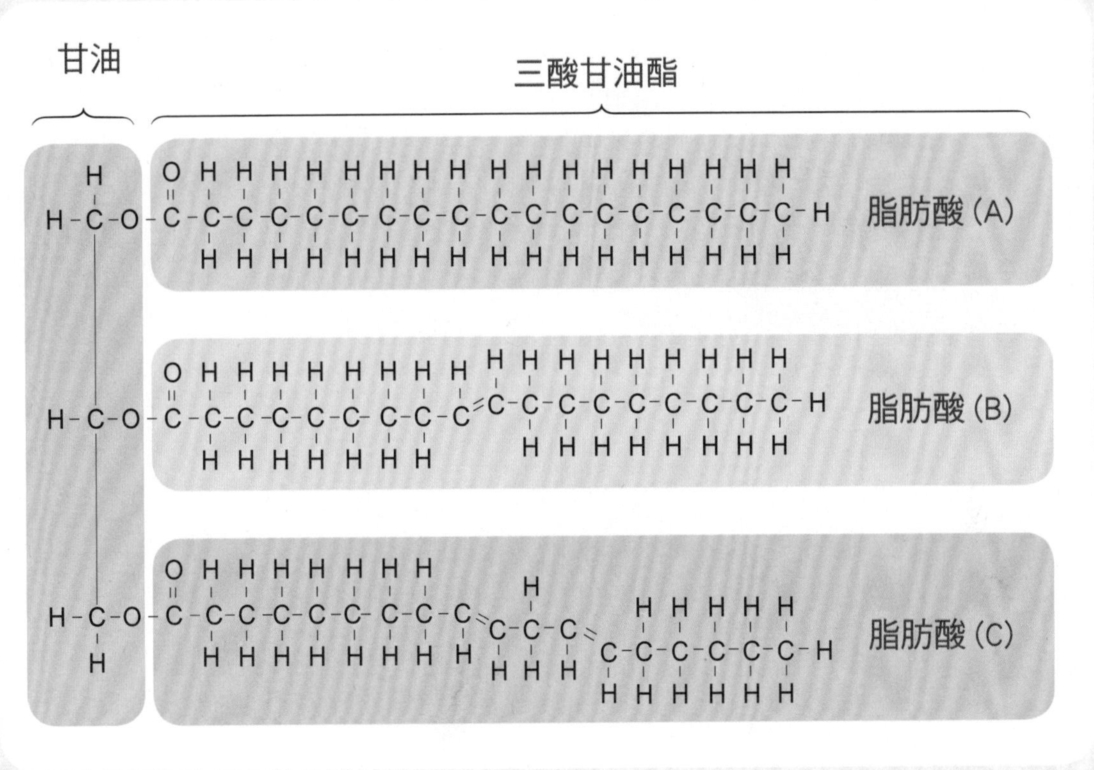

甘油

三酸甘油酯

脂肪酸（A）

脂肪酸（B）

脂肪酸（C）

此圖表示一個帶三條長鏈的脂肪酸——

脂肪酸（A）是帶著 18 個碳原子的飽和脂肪酸／C18：0。
脂肪酸（B）是帶著 18 個碳原子的單元不飽和脂肪酸／C18：1。
脂肪酸（C）是帶著 18 個碳原子的多元不飽和脂肪酸／C18：2。

註：
●橘色——代表組成甘油的基本化學式。
●藍色、綠色、紫色——代表三個脂肪酸鏈。
●單線（一）表示單鍵，雙線（一）是介於二個碳原子的雙鍵結構。
●甘油的學名是丙三醇，化學式是$C_3H_5(OH)_3$或$C_3H_8O_3$。

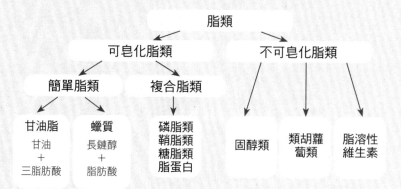

不皂化物

　　油脂還含有少量的非油脂成分，通常比例在 5% 以下。這些成分無論是在飲食或按摩肌膚上都是對身體有益處的，但是在皂化過程中通常不參與皂化，故稱為「不皂化物」。不皂化物的留存多寡對皂化是有影響的，有時會成為反應的觸媒，加速凝固的速度。這些成分在工廠精製油脂的過程中大多會被除去（冷壓油除外），只有少量殘餘，甚至天然的抗氧化劑（維他命 E）也會被去除，依精製的方法，剩下的量也不一；但無論殘餘量多寡，其有效特性在皂化過程中極可能已經遭受破壞或合成，在皂中不再是有效性的存在。其成分&作用如下：

角鯊烯：含量約 0.02% 至 0.4%，有助於保持皮膚的柔軟健康，其抗氧化作用可以在惡劣環境下，有效保護皮膚。植物油中以橄欖油及米糠油的含量最高。

脂溶性維生素：包括維生素 A、D、E、K。

固醇：又被稱為「甾醇」。含量約 0.5% 至 6%，其中以小麥胚芽油含量最高，對乾裂皮膚及乾燥受損的頭髮具有治療作用。

磷脂質：含量約 0.1% 至 3%，包括卵磷脂、腦磷脂、神經鞘磷脂與肌醇磷脂等。是構成細胞膜的原料，對水具親和性，在食品工業中常被用作乳化劑。若運用在化妝品中，作用為提高滲透性&傳送有效成分。

β 胡蘿蔔素：它是自然界中最普遍存在也是最穩定的天然色素，同時還是一種抗氧化劑。顏色為由黃至深紅色，以未經脫色精製的棕櫚油含量最高。

生育酚（維生素 E）＆阿魏酸：維生素 E（Vitamin E）是一種脂溶性維生素，又稱生育酚，是最主要的抗氧化劑之一，有助防止多元不飽和脂肪酸及磷脂質被氧化。阿魏酸則具有抗氧化、清除自由基、抗發炎、抗血小板凝集、降血脂及保護心臟血管等藥理活性作用。

其他：具有滋味或氣味的成分，如 δ 葵酸內酯、含硫葡糖苷、帖烯烴類等。

精製油與冷壓油 在作皂中的差異

精製油（Refined Oil）是指經脫酸、脫色、脫臭及移除游離脂肪酸等精製過程製成的油脂。

◎冷壓油因為含有較多的不皂化物，trace 速度比精製油快。

◎冷壓油因為含有較多的不皂化物，成皂較不易變形。

◎冷壓油因為含有較多的不皂化物，適合飲食及美容。

◎冷壓油的成本比精製油高。

◎因為脂肪酸比例大致相同，所以兩者洗感無大差異。

油脂 ＋ 氫氧化鈉／氫氧化鉀 ＋ 水 ＝ 皂（＋不皂化物）＋ 甘油

氫氧化鈉 （sodium hydroxide）

俗稱「燒鹼」、「苛性鈉」。化學式為 NaOH，分子量 40。外觀為白色或帶灰色之固體，熔點 318.4℃，沸點 1390℃，密度 2.13，易潮解。純淨的氫氧化鈉是白色的固體，極易溶解於水，當暴露在空氣中時容易吸收水分使表面潮濕而逐步溶解，這種現象就叫作「潮解」。而溶水時則會釋放出大量的熱（達到 90℃ 至 100℃）及刺鼻的氣體煙霧，水溶液帶有澀味與滑膩感。手工皂、紙、清潔劑等製造過程中都會用到，在染料、藥品等製造中也占有重要的地位。

氫氧化鈉溶液屬於強鹼，腐蝕性很強，會腐蝕皮膚，使用時要非常注意安全。其腐蝕性極高，就連玻璃製品也無法倖免於難，且會生成矽酸鈉〈sodium silicate〉。如果長時間以玻璃容器盛裝熱的氫氧化鈉溶液，將導致玻璃容器損壞，甚至破裂的情況。所以不要用玻璃容器盛裝收藏，可以使用耐酸、鹼的塑膠容器：高密度聚乙烯（HDPE）♻2 與聚丙烯（Polypropylene，PP）♻5。

作皂時，「固態鹼」需要先與水融合，此一過程會有氣體釋出，刺鼻難聞甚至可能嗆傷呼吸道，請務必戴上口罩後再操作。在家操作時可以選擇在廚房將抽油煙機打開，將煙抽離，或是到空氣流通之處操作。溶解時，請慢慢地將鹼倒入水中攪拌，若步驟顛倒，液體會溢出且濺傷皮膚，要特別小心。氫氧化鈉對人體的危害可透過吸入、食入產生影響，具有強烈刺激及腐蝕性。粉塵或煙霧亦會刺激眼睛與呼吸道，腐蝕鼻中隔；誤服可造成消化道灼傷，粘膜糜爛、出血及休克；較濃的氫氧化鈉溶液濺到皮膚上，則會腐蝕表皮，造成燒灼傷。它對蛋白質有溶解作用，有強烈刺激性及腐蝕性（由於其對蛋白質有溶解作用，與酸燒傷相比，鹼燒傷更不容易愈合），所以要非常謹慎小心地處理。

也因為強鹼會腐蝕玻璃，溶鹼時請不要使用玻璃燒杯，應使用 PP 級的塑膠容器 ♻ (♻ 也可以同時承受溶鹼時產生的高溫)。 製皂過程中必須戴上塑膠手套、口罩及護目鏡，以免嗆傷或避免強鹼水誤入眼睛；若是不慎沾到皮膚請用大量清水沖洗，若是濺入眼睛，除了大量清水沖洗之外，請即刻就醫。

●氫氧化鈉是製作固體皂必備的成分。市面上販賣的形式有：

1.固態的「固鹼」──呈白色，有塊狀、片狀、棒狀、粒狀等形態，質地脆。

2.液態的「液鹼」──為無色透明液體，有 73％、50％、45％、42％ 及 33％ 等規格。

粒鹼

　　氫氧化鈉最常用的製備方法是電解飽和食鹽水溶液。剛電解完的氫氧化鈉是大約 33% 的液體，之後可以再濃縮乾燥成固體，利用片狀機製成片鹼，或利用噴霧機製成粒鹼。

●哪一種比較適合作皂？

　　因為都是屬於工業用等級的材料，就看出產的公司標示的純度而定，一般而言，大約都有 95% 以上；至於試藥級之高純度氫氧化鈉 (約 99% 以上)，一來價格昂貴，二來作出的皂並無特別的差異，所以建議使用工業級的即可。

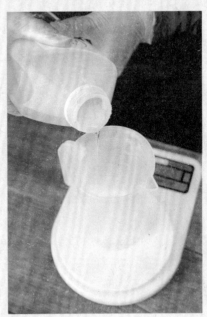

液鹼

如何計算所需液鹼

因為在取出「固鹼」時仍不免產生煙塵，若是煙塵飄散、到處沾附，也是一種安全上的隱憂，所以本人偏好使用「液鹼」，方便而且較為安全。

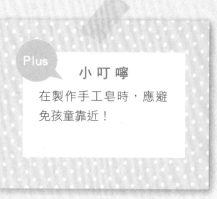

Plus 小叮嚀

在製作手工皂時，應避免孩童靠近！

目前市售的「液鹼」濃度是45%，所以在計算用鹼量時與傳統的計算方式稍微不同，需要稍作換算。

在此舉例說明：

【100% 橄欖油配方 ‧ 使用固鹼】

PURE 級橄欖油：1000g

所需固態氫氧化鈉（油品 g× 皂化換算值）：1000g × 0.134 = 134g

所需水量（鹼的 2 倍）：134g × 2 = 268g

【鹼水溶液：134g + 268g = 402g】

【100% 橄欖油配方 ‧ 使用液鹼】

已知液鹼濃度為 45%，意即每 100g 液鹼中含 45g 固態氫氧化鈉，所以——

1. 如上配方，實際所需固態氫氧化鈉 134g。

所需液鹼：134g ÷ 0.45 = 297.8g

2. 如上配方，實際所需水量應該是 268g。

但是 297.8g 的液鹼中已含有水量：297.8g × 0.55 = 163.8g

所以應該再補水：268g（實際所需水量）–163.8g（液鹼內含水量）= 104.2g

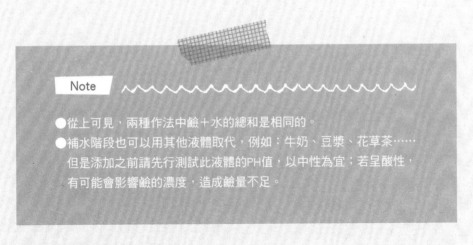

所以，使用液鹼時應備齊——

●橄欖油：1000g

●液鹼（氫氧化鈉）：297.8g

●補水：104.2

【鹼水溶液：297.8g + 104.2g = 402g】

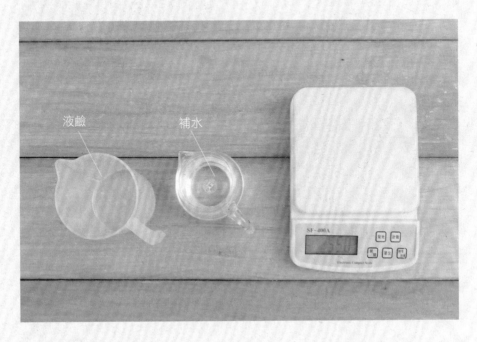

液鹼　　　補水

何謂皂化反應

皂化反應是指具有酯類官能基之化學結構，在鹼性條件下所進行的反應。由於油脂結構中具有酯類官能基，當加入鹼性（氫氧化鈉 NaOH 或氫氧化鉀 KOH）水溶液，經水解反應即可獲得甘油 & 長鏈脂肪酸鹽（即手工皂）。

皂化反應

$$C-O-\overset{\overset{O}{\|}}{C}-C-C-C-C-C- \qquad Na\ O-\overset{\overset{O}{\|}}{C}-C-C-C-C-C- \qquad C-OH$$

$$C-O-\overset{\overset{O}{\|}}{C}-C-C-C-C-C- \xrightarrow{\ Na\ OH\ } Na\ O-\overset{\overset{O}{\|}}{C}-C-C-C-C-C- \ +\ C-OH$$

$$C-O-\overset{\overset{O}{\|}}{C}-C-C-C-C-C- \qquad Na\ O-\overset{\overset{O}{\|}}{C}-C-C-C-C-C- \qquad C-OH$$

1. 皂化本身為酯在鹼中的一種水解作用。

2. 皂化後所得之產物，經鹽析而與甘油分離，最後再加工成為市售的肥皂。

通常我們 DIY 作皂所使用的動物性或植物性油脂，主要是由三種相同或三種相異的「脂肪酸」與「甘油」合成的，脂肪酸是由碳原子組成的化學長鍊，每一個碳原子具有四個鍵。如果所有的游離鍵都被氫原子占據，這就是「飽和」。如果游離鍵未被氫原子占據，這就是「不飽和」。

油脂加入強鹼溶液，便會水解＆起皂化反應，繼而形成「三份脂肪酸金屬鹽」與「一份甘油」。 如果使用的強鹼溶液是氫氧化鈉，所得到的便是固態的脂肪酸鈉鹽（即為固態手工皂）；如果使用的強鹼溶液是氫氧化鉀，所得到的便是脂肪酸鉀鹽（即為液態手工皂皂基）。（所需的強鹼量由皂化價決定，皂化價是指要皂化 1 公克的油脂所需的氫氧化鉀之毫克數。）

以氫氧化鈉為例，氫氧化鈉加入水，會水解成鈉離子（Na^+）＆氫氧根離子（OH^-），成為含游離鹼之鹼水，將鹼水與油脂（三酸甘油酯）混合、攪拌之後，游離鹼與油脂水解之後的游離脂肪酸則會產生放熱的化學反應，形成脂肪酸鈉鹽（即為固態手工皂）。

皂化反應是一個較慢的化學反應，為了加快反應速度，可以在化學反應的過程中：

● 保持反應的較高溫度。
● 以物理方式不斷攪拌溶液以增加分子碰撞的數量。
● 或加入酒精，使其混合得更充分。

理論上，油脂與鹼水溶液必須 100% 的完全反應，但是一般的 DIY 方式由於溫度較低、攪拌速度較慢、皂化值計算誤差……等因素，會造成皂化不完全的現象。皂化不完全通常源自於攪拌不完全或鹼量不足，這樣的皂容易出油或長油斑，使手工皂保存期限縮短。

皂清潔皮膚的原理

　　皂是一種天然的介面活性劑。遇到髒污時，親油端會包覆油污，將大團油污拆解成小團，再包覆小團油污；接著水一沖，水分子拉著親水端一起跑，將皂分子連同親油端吸附著的小團油污一起沖走。（手工皂之洗滌力主要受手工皂液之表面張力、滲透力、分散力及乳化力等支配，與起泡力無直接關係。）

肥皂的缺點

1. 肥皂的水溶液呈弱鹼性，能溶解動物纖維，所以不適合洗滌絲、毛織品。
2. 肥皂在酸性溶液中會產生脂肪酸沉澱，消耗肥皂。
3. 肥皂在硬水中會生成脂肪酸鈣或脂肪酸鎂（皂垢）的沉澱，而失去洗滌去垢的功效。

固化與熟成

打皂

基於水與油脂的不相容特性，鹼水與油脂亦然。所以結合之初需要不斷攪拌，以增加兩種分子的碰撞機會，使其均勻混合；伴隨攪拌的過程，皂液會越來越濃稠，直至皂液出現明顯「拖曳痕跡（trace）」的皂糊時，即可倒入模具。

Note

為了提高手作肥皂的皂化程度，攪拌至較為濃稠（over trace）再入模是必要的，不夠濃稠即入模可能會造成已經反應完畢的皂體產生逆反應導致皂化不全，易產生白粉與氧化酸敗的現象。

入模固化

此時皂化反應並未停止。皂化反應是一個放熱反應，入模後的皂糊仍會持續放熱，溫度會快速升高（約至60℃至70℃），此時皂化反應仍在劇烈進行。將入模的皂放入保溫箱中擺放一至三天後，皂體會慢慢地進入固化階段，慢慢降至室溫。雖然此時皂體已經凝固，但皂化仍未完成，皂的鹼度仍高，不可使用。

Note

保溫是為了維持入模後繼續皂化產生的溫度，溫度亦是加速皂化&幫助皂化完全的因素，值得善加利用。

等待熟成

接著將皂拿出保溫箱、脫模、裁切、晾乾，等待熟成，期間皂化仍然持續進行。因為此時已經無法靠攪拌來增加反應速度，只好靠時間來慢慢等待。熟成期的時間大約是兩週至四週，依不同的配方而需時不同，如椰子油含有較多的中、短鏈脂肪酸，反應速率較快，熟成期則短；而橄欖油含有較多長鏈脂肪酸，則需要較長的熟成期。

Note

熟成期的皂雖然還在皂化反應中，但若置放環境不適合，仍舊會氧化酸敗。置放的環境必須通風且乾燥，不能日光直射或置於高溫的環境中。因為潮濕與高溫都容易造成尚未皂化完全的游離脂肪酸水解或裂解，進而氧化酸敗。不過，台灣氣候炎熱、潮濕，一年之中只有秋高氣爽的天氣最適合晾皂，其他季節若是要作皂，電扇加上除濕機的的奢華對待是避免不了的！所以從準備材料直至完成作品之間的層層用心，皆是自製過程中最珍貴的元素。

皂的酸鹼值（pH 值）

酸鹼值（pH 值）是指液體或物質的酸鹼度，數值範圍為 0 至 14。

```
0 ←——————————→ 6 ———— 7 ———— 8 ←——————————→ 14
強酸            弱酸   中性   弱鹼            強鹼
```

● **酸性範圍**——0 至 6
● **中性**——7
● **鹼性範圍**——8 至 14

Plus

小叮嚀

皂化是一種弱酸＋強鹼的反應，最終會成為弱鹼，無法完全中和成中性。

　　剛剛 trace 入模的皂液，酸鹼值大約在 12 至 13（仍屬強鹼），待熟成階段皂化持續進行，pH 值會慢慢下降。大約 7 至 10 天，pH 值即可降達約 8 至 10（弱鹼），此時皂即可使用；但放置越久，酸鹼值也不會低於 8 以下。人的健康皮膚 pH 值就在 5 至 5.6（弱酸）之間，且有自然調節的功能，添加酸性物質來將皂的 pH 值調整成中性或弱酸性是沒必要的，況且手工皂是利用鹼性來去除油汙，中性或酸性皂就失去「皂」類的性質，也失去洗滌的特性。

　　有一些皂若是測起來呈現中性，可能是在作皂的水量中替換了一些弱酸的植物溶解液，利用酸鹼中和而成。但若是一開始即以酸性液體來溶解氫氧化鈉（鉀），中和了部分的鹼，造成鹼量不足，如此一來將造成脂肪酸多於鹼的現象，導致皂體容易氧化酸敗，所以運用植物溶液之前需要先行測試酸鹼值，若酸性太強，需稀釋至中性再運用。

甘油（丙三醇，glycerol）

俗稱丙三醇、洋蜜，是一種帶甜味、無色、透明、無氣味的糖漿狀黏稠液體，係分解油質、脂肪、糖蜜所製造而成，能溶於水與酒精，吸水性很強，能自空氣中吸收水分，對皮膚有滋潤的功效。

在自然界中，甘油主要以甘油酯的形式廣泛存在於動植物體內，因此並不難取得。目前比較常見的製造方法有皂化反應、人工合成與發酵。甘油是最佳的皮膚軟化劑，是製造乳液、面霜及臉部化粧品、化粧水、唇膏的重要成分；它有極佳之吸濕性，因此能幫助保持水分，均勻地擴散於皮膚表面（化粧品級甘油）。但不可直接將甘油擦於臉上，否則非但不能滋潤皮膚，反而會因皮膚水分被吸收而變乾。（化粧品中的甘油均經特殊處理，故能將化粧品所含水分均勻散布在皮膚上，使皮膚得到滋潤。）

由於它是個親水性物質，可以快速分散溶解於水中，所以在沐浴過程中，經過大量的水沖刷後，它幾乎無法停留在我們肌膚上，當然為肌膚保濕的說法就有待商榷了！此外，由於它絕佳的吸水特性，在台灣如此潮濕的氣候中，使得肥皂更不容易保持乾燥，增加了保存的難度。

所以，製皂工廠會採用「鹽析法」將甘油析出，一則可以提供其他工業用途，再則可以提高皂的起泡力，還能使皂的特性更為安定。

> **Plus 小叮嚀**
>
> 鹽析：就是利用脂肪酸鹽（肥皂）與甘油對水的溶解度不同的特性，來將兩者分離。甘油因對食鹽水的溶解度比較好而溶於其中，而肥皂對水的溶解度較差、且密度小於食鹽水，所以肥皂不溶且浮於食鹽水上，因此可將兩者分離。

為何油脂會酸敗？

　　脂肪暴露在空氣中，經光、熱、濕氣及空氣的作用，或者經微生物的作用，會產生一種特有的臭味氣體，此作用稱為酸敗作用。油脂氧化分解或水解會產生醛、酮、酸等物質，此類物質大多數都具有刺激性氣味，這些氣味就是我們常說的「油耗味」；這種現象被稱為油脂酸敗，除了難聞的氣味，還會產生對人體健康不利的物質，所以酸敗的油脂不能食用及作皂。

　　影響油脂酸敗因素很多，可分為內在因素與外在因素。

內在因素

　　主要是因為油脂中的不飽和脂肪酸的不飽和碳碳雙鍵（C＝C）為結構中的「弱點」，極容易被氧化而斷鍵。分子結構內的不飽和鍵愈多，就愈容易被氧化。如果油脂中原來存在的天然抗氧化劑不皂化物，如維生素 E 等，在精製過程中被除去，也會使氧化反應更容易發生。

外在因素

氧（Oxide）：是造成酸敗的主要因素。在生產過程、使用及貯存過程中都可能接觸空氣中的氧，因此，氧化反應的發生是不可避免的。氧會攻擊油脂的不飽和脂肪鍊中的雙鍵，而形成有機過氧化物，導致油脂敗壞變質。可以透過隔絕氧氣（充氮或真空包裝）來減少氧含量。

熱（Heat）：高溫會加速油脂的酸敗，溫度每升高 10℃反應速度增大二至四倍，油脂在油炸烹煮的過程中，會進行許多複雜的化學反應，如水解、氧化、裂解、聚合等。高溫會促使氧化加速，使所有脂肪酸都發生熱裂解，產生更多有害身體的物質，因此長期油炸的油已完全變性，不適合食用，也會對皮膚產生刺激性，甚至引起炎症。油脂最好在低溫下加工與貯藏，成皂也請放置於陰涼處保存。（等待熟成期的皂請勿放置於冰箱，過於低溫會降低皂化反應。）

光照 & 射線（Light）：可見光雖不能直接引起氧化作用，但其中某些波長的射線對氧化有促進效果。射線能顯著地提高自由基的生成速度，增加脂肪酸氧化的敏感性，加重酸敗變質。皂成品建議以深色包裝及避光裝置來隔絕光照 & 射線，以消除光線的影響。

水分（Water）：油脂中的水分，為微生物生長提供了必要條件，而它們產生的能會引起油脂的水解，加速氧化反應。外來水分則會將油脂水解成游離脂肪酸 & 甘油，游離脂肪酸將繼續氧化產生酸敗。所以皂成品保持乾燥是非常重要的。

金屬離子（Metal ion）：某些金屬離子能使原有的或加入的抗氧化劑作用大大降低，還有的金屬離子可能成為自動氧化反應的催化劑，加速氧化酸敗。這些金屬離子主要有銅、鉛、鋅、鋁、鐵、鎳等；所以，製造的原料、設備及包裝容器等，應盡量避免使用金屬製品或含有金屬離子的材質（所以作皂的水最好採用純水，以避免金屬離子與礦物質造成氧化。）

微生物（Microorganism）：黴菌會將油脂分解為脂肪酸＆甘油，然後再進一步分解，加速油脂的酸敗。這也是原料、生產過程、使用及貯存等，皆要保持無菌條件的重要原因。作皂的添加物也儘量不要放入未殺菌消毒的生鮮食品，以避免微生物孳生。

Note

何謂酸價（Acid value：AV）？即中和1g油脂或蠟中所含之游離脂肪酸所需要之氫氧化鉀（KOH）之毫克數，為判斷油脂劣敗常用的指標。油脂新鮮，所含的游離脂肪酸濃度就低，測得的酸價就低；反之，酸價愈高，油脂的品質愈差。依一般國際標準而言，品質良好之精製油，其酸價為 0.2mg KOH/g 以下。

$$C3H5（COOR）3 + 3H2O \longrightarrow C3H5（OH）+ 3RCOOH$$

三酸甘油脂 $\longrightarrow$ 水解 $\longrightarrow$ 甘油 + 游離脂肪酸

（三酸甘油酯水解時，形成未結合的部分即為「游離脂肪酸」，常見於未精製之原油中，可經由脫酸之製程予以移除。）

Part2
油脂特性＆脂肪酸

寫配方之前，
先認識「脂肪酸」

在製作植物油冷製皂中最重要的成分就是油脂，也可以說油脂是皂的靈魂，而油脂是由各種不同形式的脂肪酸組合而成，不同的脂肪酸特性會使得皂的特性因而相異。因此運用各式油脂配方的比例不同就會產生不同皂的特質，若是想要作出適合不同的膚質——油性、乾性、敏感性，或洗頭適用、寵物適用的各種特定功能皂，就必須先認識各式的「脂肪酸」，才能寫出適切的配方。不過每個人的膚質雖相異，但同屬乾燥肌膚的人也有不同程度的洗後感受，所以並沒有一定的黃金配方或黃金用油比例，需要稍作調整才可以找出自己適用的配方。

目前大家在寫配方時的考量，不外乎是從油品的食用營養特質及美容的角度來思考，因為某種植物油含有某些營養或有某些療效，或具有滋潤、保濕、美白、緊實等特效而被選進配方之中，但是實際完成且使用之後，又常常發現洗感不如預期，或洗不出明顯的分別。到底是配方錯誤，還是療效騙人？用了高貴的好油為什麼洗感沒有比較特別？玫瑰果油與月見草油真的這麼好？椰子油真的不好嗎？

希望你讀完此章節之後，不再有高貴用油的迷思，而是回歸到最基本的脂肪酸特性，寫出適合各種膚質特性的配方。

脂肪酸的種類

　　脂肪酸（Fatty acid）是構成油脂的基本結構單位，屬於有機酸類的一種，大多從動、植物油脂中分解而得。其構造是由一個甘油分子加上三個脂肪酸組合的碳鏈（大部分是帶著不同數目的脂肪酸），而甘油在此分子中是擔任一個連接物質，因為自由的脂肪酸（即游離脂肪酸，也就是未經甘油連接的脂肪酸碳鏈）會危害身體器官及肌膚，亦會造成手工皂的提早氧化，縮短皂的壽命。

　　不同的結構（如分子的長度、碳鏈的長度）及不同的組成（如飽和度＆排列狀態）會組合成不同特性的脂肪，各種不同的脂肪酸會在人體產生不同的作用與反應，當然作出來的皂亦會具有不同的特性。下方以飽和度來作分類——

飽和脂肪酸　　在脂肪酸結構中，如果碳鏈結構中的碳原子之間全部以單鍵（C-C）結合，就稱為飽和脂肪酸，如：棕櫚酸、硬脂酸，大多來自牛油、豬油等動物性油脂，或椰子油、棕櫚油、乳油木果脂及可可脂。由於結構上不具有可以與外界反應的位置（不飽和雙鍵），不容易與空氣中的氧氣起氧化作用，或受光、熱的影響而裂解，所以性質比較安定，可以在室溫下存放較久且不易變質或腐敗。在室溫下一般為固態，因此作皂時可以提高成皂的硬度，遇水不易變形，DIY 者通稱為「硬油」。

Ex：棕櫚酸之結構

羧基　　　　　　　碳鏈　　　　　　　甲基

此類脂肪酸作皂的特性

1. 因為不含雙鍵，所以油品安定，不易氧化。

2. 成皂硬度高，在作皂配方中加入 10% 至 20% 就可以作出不易變形的皂。

3. 代表性油脂有：動物性油脂，或椰子油、棕櫚油、乳油木果脂及可可脂。

單元不飽和脂肪酸

在脂肪酸結構中之碳鏈結構的碳原子之間具有一個雙鍵（C=C）的結構，稱為單元不飽和脂肪酸，例如油酸＆棕櫚油酸；這類油脂具有可以與外界反應的位置（不飽和雙鍵），通常含不飽和雙鍵越多越不安定，成皂較易氧化、變質。此類脂肪酸大多來自植物性脂肪（例如：橄欖油、茶花油、甜杏仁油），在室溫下一般為液態，作皂時硬度較適中，遇水容易變形，DIY 者稱之為「軟油」。

Ex：油酸之結構

羧基　　　　　　　　碳鏈　　　　　　　　甲基

此類脂肪酸作皂的特性

1. 因為僅含一個雙鍵，所以油品稍微不安定，氧化程度稍高。

2. 成皂硬度適中，洗感溫和、滋潤，肌膚適應性極佳，可以以單獨或大量的比例放在作皂配方中。

3. 代表性油脂有：橄欖油、山茶花油，及其他堅果系油脂（如澳洲堅果油、榛果油、甜杏仁油等）。

多元不飽和脂肪酸

在脂肪酸碳鏈結構中的碳原子之間 具有2個或3個雙鍵(C=C) 以上的結構，就稱為多元不飽和脂肪酸， 如亞油酸、亞麻酸。 這類油脂具有多個可以與外界反應的位置（不飽和雙鍵），通常含不飽和雙鍵越多則越不安定，成皂極易氧化、變質；此類脂肪酸大多來自植物性脂肪，如月見草油、玫瑰果油、葡萄籽油等，在室溫下一般為液態。作皂時硬度較軟，遇水容易變形，DIY 者通稱為「軟油」。

Ex：亞油酸鏈

羧基　　　　　　　碳鏈　　　　　　　甲基

◎此類脂肪酸作皂的特性

1. 因為含有兩個以上的雙鍵，所以油品極不安定，氧化程度很高。（亞油酸的氧化速度是油酸的 10 倍，亞麻酸的氧化速度是油酸的 20 倍。）

2. 成皂後很軟且易變形，洗感溫和，肌膚適應性極佳，但滋潤度不足，此類油品建議不要放入作皂配方裡。

3. 代表性油脂有：月見草油、玫瑰果油及其他蔬菜系油脂（如葵花油、大豆油、葡萄籽油等）。

> **Note**
>
> ### 鏈長與油脂
>
> 天然油脂大多都是以偶數碳原子的直鏈羧酸形式存在的脂肪酸。脂肪酸的化學鏈長短取決於鏈中的碳原子數量多寡，因此依碳原子數量可區分：
>
> **短鏈**──脂肪酸鏈中帶有6個碳原子以下，如：戊酸C5（纈草酸），己酸C6（羊油酸）。
> **中鏈**──脂肪酸鏈中帶8至12個碳原子，如：椰子油中的月桂酸C12，肉豆蔻酸C14。
> **長鏈**──脂肪酸鏈中帶有12至24個碳原子，如：棕櫚油中的棕櫚酸C16，橄欖油中的油酸C18。

如何側試不飽和脂肪酸之含量？

碘價（IV,Iodine Value），為每100g的油脂吸收氯化碘（ICl）的量，並以碘的克數來表示，用以測量油脂中不飽和脂肪酸之含量。飽和脂肪酸含量多的油品，碘價數值就低，如椰子油、可可脂；而不飽和脂肪酸含量高的油品，碘價數值就高，如亞麻仁籽油、月見草油。

植物油因其不飽和度之不同，依碘價而分三類：

1. 乾性油（碘價在130以上）

這一類油具有較好的乾燥性，乾後的油膜不軟化也不溶化，幾乎不溶解於有機溶劑中。含有少量之油酸、固體脂肪酸及多量亞油酸、亞麻酸等之不飽和脂肪酸之甘油酯。例如桐油、亞麻仁籽油等。

2. 半乾性油（碘價在100至130）

這一類油的油膜乾燥速度較慢，乾燥後可重新軟化及熔融，比較容易溶解於有機溶劑中。含有多量之油酸及亞油酸之甘油酯。例如大豆油、菜籽油及棉籽油。

3. 不乾性油（碘價在100以下）

這類油的油膜不能自行乾燥。主成分為飽和脂肪酸及油酸之甘油酯，例如椰子油、橄欖油、蓖麻油等。

而手工皂DIY者常用來計算硬度的INS值，即是用油脂的飽和程度來判斷硬度。

INS = Iodine iN Saponification

INS = 皂化價－碘價（也就是說碘價越低的油脂如：椰子油、可可脂、棕櫚核油等，INS值愈高。）

製作手工皂時有重要意義的 10 種脂肪酸

●辛酸 C8：0、葵酸 C10：0（飽和脂肪酸）

椰子油＆棕櫚核油所含，無洗淨力，有刺激性。雖為飽和脂肪酸，卻能與水反應而使安定性變差。故製作時通常不使用超過 30% 的椰子油＆棕櫚核仁油。

●月桂酸 C12：0（飽和脂肪酸）

化學鏈含 12 個碳的飽和脂肪酸，溶點 44℃，飽和又穩定，抗毒能力強，母乳中也有月桂酸的成分，是椰子油＆棕櫚核油中主要的脂肪酸（含 40% 至 50%）。溶解性好，起泡力大，洗淨力強，耐硬水性佳，硬度高，具安定性，為不易氧化的飽和脂肪酸。不過對皮膚略有刺激性，作皂時的比例不可太高。

●肉荳蔻酸 C14：0（飽和脂肪酸）

化學鏈含 14 個碳的飽和脂肪酸，溶點為 54℃，比月桂酸高，因此更不易在常溫中溶化變形。因為是飽和脂肪酸，氧化安定性高，且硬度高。在椰子油、棕櫚核仁油、豬油或乳脂（牛油）裡含有大量肉荳蔻酸，其特性與月桂酸類似，起泡力大，但產生的泡沫比月桂酸更細＆持久。溫水中洗淨力比月桂酸好，對皮膚更溫和。

●棕櫚酸 C16：0（飽和脂肪酸）

化學鏈含 16 個碳的飽和脂肪酸，在蜜蠟、棕櫚油、可可脂以及動物性油脂中含量多。脂肪酸溶點 63℃，因此在冷水中無法發揮洗淨力，起泡力也不太好。因為是飽和脂肪酸，氧化安定性高、硬度高，連在溫水中也不易溶化。成皂會有洗不乾淨或皮膚表面不透氣的感覺，這種情形在含蜜蠟的配方中比較常見，但有助於製作又硬又耐用的手工皂。

●硬脂酸 C18：0（飽和脂肪酸）

化學鏈含 18 個碳的長鏈飽和脂肪酸，溶點 70℃，硬度極佳，能製作連在溫水中也不易溶化變形的手工皂，具有安定不容易氧化的特性，植物油中以可可脂、乳油木果脂（Shea butter）中含量特別多，動物性脂肪中以牛油含量較多。作皂時可以用來增加皂的硬度，但如果使用太多，會容易裂開。但也因熔點高，加多了也會有洗不乾淨或不透氣的感覺，洗淨力尚可（冷水洗淨力不佳，但熱水洗淨力很好）、起泡力不好，但一起泡就有持續性。

●棕櫚油酸 C16：1（單元不飽和脂肪酸）

化學鏈含有一個不飽和雙鍵的 16 個碳的單元不飽和脂肪酸，在澳洲堅果油（Macadamia Nut）、貂油、馬油（尤其是頸部）中含量豐富。因為僅含一個不飽和雙鍵，所以穩定性高，不易氧化。洗淨力佳，起泡力普通，成皂一旦遇水容易軟爛，能夠防止水分流失、柔嫩肌膚、幫助角質層的再生，有助於皮膚組織的再生，延緩肌膚老化。在對皮膚的效用上可說是重要的脂肪酸。

●油酸 C18：1（單元不飽和脂肪酸）

化學鏈含有一個不飽和雙鍵的 18 個碳的單元不飽和脂肪酸，是植物油中很常見的不飽和脂肪酸，在橄欖油、茶花油中含量特別多。多數堅果油系的植物油、品種交配所生的新種雜交系植物油（新種芥花油、新種葵花油、新種紅花油）含量也很多。油酸（食用上）能夠保護心臟、幫助血液循環及改善血管疾病。成皂對肌膚非常溫和，洗完後肌膚會有滋潤感及光滑感。泡沫細、滲透力佳、刺激性低，能夠促進新陳代謝、舒緩安撫肌膚，常被用來製作防曬油及按摩油。因為僅含一個不飽和雙鍵，故穩定性高，不易氧化。成皂後雖然硬，一旦遇水就會變得容易溶化變形，但在冷水中洗淨力很卓越。雖不易起泡，但一起泡就有持續性。

●蓖麻油酸 C18：1（單元不飽和脂肪酸）

化學鏈含有一個不飽和雙鍵的 18 個碳的單元不飽和脂肪酸，在蓖麻油中含量最多，主結構與油酸非常相似，只是碳鏈上多了一個羥基 (-OH)，使其特性接近像酒精一樣的醇類，而更易吸收水分，故保濕性佳，常用來作為口紅、護唇膏。因清潔力佳，對於毛髮有滑順的功效，故也常應用在洗髮皂上。具備透明感，是製作透明皂時不可缺少的原料。作成鈉皂黏度高，遇水非常容易溶化變形，使用過多會造成脫模困難。再加上起泡力差，一般而言，鈉皂建議 5% 至 8% 就已足夠，鉀皂因為無硬度的限制，上限可以添加至 20％ 至 25%，比例若是太高會影響起泡力。

●亞油酸 C18：2（雙元不飽和脂肪酸）

化學鏈含有兩個不飽和雙鍵的 18 個碳的雙元不飽和脂肪酸，在非新種的傳統葵花油或紅花油、葡萄籽油、月見草油、玉米油、小麥胚芽油等中含量多。是一種必須脂肪酸，只能從植物取得，人體不能合成。與皮膚的防衛功能有密切關係，能使細胞膜恢復彈性，防止表皮水分的流失。且有助於皮脂腺的增生，形成保護皮膚水分的角質層，對皮膚是非常重要的脂肪酸，非常適合化妝品及按摩使用。但是由於比油酸多了一個不飽和雙鍵，其氧化速度是油酸的 10 倍（最新報告是 27 倍），因為容易變質，須注意使用分量＆保存管理。成皂滋潤度稍差，洗完後比油酸清爽，但比油酸容易起泡。成皂非常容易溶化變形，且容易氧化酸敗，不建議添加於作皂的配方中。

●亞麻酸 C18：3（多元不飽和脂肪酸）

化學鏈含有三個不飽和雙鍵的 18 個碳的多元不飽和脂肪酸，在傳統芥花油、核桃油、亞麻仁籽油、月見草油、玫瑰果油中含量多。亞麻酸含量多的油，清爽且容易乾化，因此有抑制濕潤性皮膚炎症的效果。它是維持肌膚彈性的重要脂肪酸，對角質層的修復比油酸更有效。尤其是月見草油＆玫瑰果油所含的 γ 亞麻酸，如果體內不足，會導致異位性皮膚炎。比油酸容易起泡，洗完後會感到很清爽，但因為氧化速度為油酸的 15 倍（最近的報告是 77 倍），亞麻

酸所調配作出來的手工皂雖然效果好卻不耐用，因此必須特別留意保存方法＆使用期限。由於含有三個不飽和雙鍵，成皂柔軟而極易溶化變形，且氧化安定性差，保存期限短，故不適合拿來作皂。但是拿來按摩、保健或用作化妝品的效果則非常優越。

FIN GARDEN

FIN GARDEN

脂肪酸物理性質

脂肪酸名稱		分類	熔點	各種脂肪酸形成肥皂性質					肥皂特性
英文	中文		°C	不易溶化&變形	起泡力	常溫清潔力	氧化安定性	肌膚適應性	
C8：0 Caprylic acid	辛酸	飽和	16.7	差	差	差	差	差	吸濕性&溶解性大、洗淨力小、起泡性不良、刺激皮膚、質地硬、鹽析因難。
C10：0 Decanal acid	葵酸	飽和	31.6	差	差	差	差	差	吸濕性&溶解性大，洗淨力小，起泡性不良，刺激皮膚，質地硬，鹽析因難。
C12：0 Lauric acid	月桂酸	飽和	44	佳	佳	佳	佳	可	易溶於水，洗淨力強，起泡性大，質地硬，具安定性不易氧化，略有刺激性。
C14：0 Myristic acid	肉豆蔻酸	飽和	54	佳	佳	佳	佳	佳	易溶於水，洗淨力強，起泡性優越，質地硬，安定性大，對肌膚溫和。
C16：0 Palmitic acid	棕櫚酸	飽和	63	佳	差	差	佳	可	冷水中的溶解度差、起泡力差，但水溫增加可以改善洗淨力及起泡性。泡沫粗且有持久性、質地硬、對肌膚溫和。
C18：0 Stearic acid	硬脂酸	飽和	70	佳	差	差	佳	可	硬度極佳，不易變形，雖可增加皂的硬度，但如果使用太多，會容易裂開。因為熔點高，加多了也會有洗不乾淨或不透氣的感覺；肌膚適應性不錯，洗淨力&起泡力不太好，但一旦起泡，有持續性。
C16：1 Palmitoleic acid	棕櫚油酸	單元不飽和	0.5	可	可	佳	可	佳	穩定性高，不易氧化。洗淨力佳，起泡力普通，成皂一旦遇水容易變形。能夠防止水分流失、柔嫩肌膚、幫助角質層的再生，有助於皮膚組織的再生&延緩肌膚老化。
C18：1 Oleic acid	油酸	單元不飽和	16	可	可	佳	可	佳	冷熱水皆易溶，洗淨力甚強，泡沫細，對肌膚非常溫和，刺激性低，穩定性高，不易氧化。
C18：1 Ricinoleic acid	蓖麻油酸	單元不飽和	5.5	可	差	佳	可	可	保濕性佳，穩定性高，不易氧化，硬度過低，黏度高，成皂遇水非常容易溶化變形，起泡力極差。
C18：2 Linoleic acid	亞油酸	多元不飽和	-5	差	佳	佳	差	佳	易溶於冷水，起泡性&洗淨力強，洗感清爽，質地柔軟，氧化安定性差。
C18：3 Linolenic acid	亞麻酸	多元不飽和	-11	差	佳	佳	差	佳	易溶於冷水，起泡性&洗淨力強，質地柔軟，洗感清爽，氧化安定性很差。不適合作皂。

※ 手工皂之洗滌力主要受手工皂液之表面張力、滲透力、分散力及乳化力等所支配，與起泡力無直接關係。

氫化反應

　　意指為了增加油脂的穩定性，將氫分子＆不飽和脂肪分子中的碳碳雙鍵發生加成反應，而將其變成飽和脂肪，形成氫化脂肪。油脂氫化的基本原理是在加熱含不飽和脂肪酸的植物油時，加入金屬催化劑（鎳系、銅－鉻系等）＆通入氫氣，使不飽和脂肪酸分子中的雙鍵與氫原子結合成為不飽和程度較低的脂肪酸，其結果將使油脂的熔點升高（硬度加大）。

　　在完成氫化的過程中，天然油脂本質會從不飽和狀態改變為飽和，不論是局部性或全面性的改變，其雙鍵都會遭到破壞。這種氫化反應可以控制，且飽和的量也可以調節，因此所生產出來的植物油並不會因而變得太硬。例如大豆油就經常被輕微氫化，變成固體脂肪的產品（白油），用於烘焙產品使製品變得酥鬆 。（因為大豆油隨著儲存時間拉長，很容易氧化＆產生油耗味，即使是放在冷藏室亦是如此，而氫化可以增加油脂的氧化穩定性，讓它們可以儲存比較長的時間。）對脂肪進行氫化的主要作用：

● 改善油脂的穩定性——使飽和性增加、保存性增長，便於儲存，也即意味成本低。
● 適合油炸——氫化過的油，化學狀態穩定比較不易產生聚合物，因此適合使用於油炸用途。
● 液態改變成固態——烘焙時固態油脂比液態油脂更便於利用，使作出的食物口感不油且不肥膩，口感更好。

　　如果氫化反應能夠完全進行，則會得到完全氫化的脂肪；但完全氫化的脂肪往往非常堅硬，沒有應用價值，因此市售的氫化脂肪都是沒有完全氫化的脂肪。氫化反應是可逆的，因而在不完全氫化的條件下，一部分已經氫化過的脂肪分子會脫氫而變回不飽和脂肪。在這個過程中會產生一種新的物質，即「反式脂肪」。「反式脂肪」原本並不存在自然界，長時間使用這類脂肪將會阻礙

前列腺素分泌。近來科學證據顯示人體吸收反式脂肪時，無法利用飽和反應過程中被破壞的雙鍵，事實上，這種情況和人體在面對飽和脂肪酸時的反應相似，也就是會提高血液中的膽固醇指數。此外，還會造成發炎、過敏、身體疼痛、糖尿病及血管阻塞等問題，並增加血栓形成的風險。大腦的運作和情緒方面也會受到相當程度的負面影響，還會造成免疫系統長期的受損。除了這些缺點之外，反式脂肪酸同時還會誘發癌症並促進癌細胞成長。長期持續地攝取反式脂肪酸，將會破壞細胞的功能，並且會進一步使得免疫系統、激素等荷爾蒙系統及所有的神經系統受到干擾和損傷。

反式脂肪存在於許多日常生活食品中，像是洋芋片、炸薯條和蛋糕甜點。雖然這種植物油的熱量較低，但卻完全沒任何助益，因為不健康的反式脂肪酸會徹底影響到我們體內新陳代謝的速度，其造成的後果甚至超過攝取同樣分量但熱量較高的順勢脂肪酸。

儘管反式脂肪在食用上有諸多的缺點，但是在作皂的運用上，卻是一個不錯的選擇。以大豆油為例，它是富含不飽和脂肪酸的 18 碳酸，成皂很軟且不安定，但是經過氫化反應，成為固態的白油，卻成為接近飽和的 18 碳酸（類似硬脂酸），飽和且趨於安定，還可以增加成皂的硬度，使其不易溶化變形。從此可以看出化學結構被改變，成皂的特性也會完全不同；況且，製作手工皂的過程已經將脂肪酸皂化成皂，不再是以脂肪的形態留存，手工皂是外用而不是內服，所以並不會影響健康。

順式脂肪酸 cis fatty acid

反式脂肪酸 trans fatty acid

製作手工皂
常用油脂

椰子油 Coconut Oil（硬油）

拉丁學名：Cocos nucifera L

科屬：棕櫚科

主要產地：東南亞、熱帶地區

萃取部位：椰子肉乾

溶點：20℃至28℃，於20℃以下會呈現固狀（冬化現象）

●油脂成分

飽和脂肪						單元不飽和		多元不飽和			
辛酸 C8:0	葵酸 C10:0	月桂酸 C12:0	肉荳蔻酸 C14:0	棕櫚酸 C16:0	硬脂酸 C18:0	棕櫚油酸 C16:1	油酸 C18:1	亞油酸 C18:2	亞麻酸 C18:3	其他 脂肪酸	不皂化物 含量 %
7.7	6.5	47	20	8.5	2.5		7	1			<0.8

●成皂表現

安定性	☑非常好	□好	□普通	□不好
起泡力	☑非常好	□好	□普通	□不好
洗淨力	☑非常好	□好	□普通	□不好
肌膚溫和度	□非常好	□好	□普通	☑不好
不易溶化變形性	☑非常好	□好	□普通	□不好
建議入皂比例	10%至30%			

●皂用特性

　　富含飽和脂肪酸，依季節不同，夏季在室溫下呈現液態，冬季則呈現固態，可以稍微隔水加熱使之融化。可作出洗淨力強、質地硬、顏色雪白且泡沫多的香皂，可以說是製作手工皂時不可或缺的油脂之一。富含月桂酸＆肉豆蔻酸，所以洗淨力、起泡力極佳，使用50%以上的比例作出的皂難免會讓皮膚感覺乾澀，所以使用分量不宜過高，建議不要超過全油脂的30%。椰子油僅需占全體的10%至15%左右，就能發揮明顯的起泡效力。如果要製作洗臉用特別細緻的手工皂，建議調配至15%至20%。若長住在硬水地區，清洗廚房或洗衣時，就非使用20%以上的椰子油不可。

棕櫚核仁油・棕櫚油
Palm Kernel Oil ・Palm Oil（硬油）

拉丁學名：Elaeis guineensis

科屬：棕櫚科

主要產地：熱帶地區、亞洲、非洲地區、南美、中美洲

　　棕櫚油（Palm oil）是從油棕樹上的棕櫚果（Elaeis Guineensis）中榨取出來的，它原產於熱帶非洲，如今也種植於馬來西亞及印尼等地。其主要產地為馬來西亞，該國棕櫚油的產量佔世界產量的60％。棕櫚油不僅是全世界最重要的植物油種之一，同時最重要的是，它能提供兩種油脂成分完全不同的油脂：果肉，提供棕櫚油；果核，提供棕櫚核仁油。

棕櫚核仁油（榨取自果核）

溶點：25℃至30℃

●油脂成分

飽和脂肪						單元不飽和		多元不飽和			
辛酸 C8:0	葵酸 C10:0	月桂酸 C12:0	肉荳蔻酸 C14:0	棕櫚酸 C16:0	硬脂酸 C18:0	棕櫚油酸 C16:1	油酸 C18:1	亞油酸 C18:2	亞麻酸 C18:3	其他脂肪酸	不皂化物含量 %
4	4	48	17.3	8	2.3		11.8	2.1			<1.0

●成皂表現

安定性	☑非常好	□好	□普通	□不好
起泡力	☑非常好	□好	□普通	□不好
洗淨力	☑非常好	□好	□普通	□不好
肌膚溫和度	□非常好	□好	□普通	☑不好
不易溶化變形性	☑非常好	□好	□普通	□不好
建議入皂比例	10%至30%			

● 皂用特性

棕櫚核仁油是將堅硬的果核壓碎後榨取的，在室溫下呈現半固態，比棕櫚油擁有更飽和的脂肪酸成分，所以冬季呈現固態。作皂的特性與椰子油十分相近，能作出洗淨力強、硬度夠且泡沫多的香皂。

由於手作皂者普遍認為棕櫚核仁油比椰子油好，其支持論點為辛酸（C8：0）、葵酸（C10：0）這兩個脂肪酸的刺激性高，椰子油的含量相較之下比棕櫚核仁油高，所以習慣以棕櫚核仁油取代椰子油。但在我看來，兩者的含量差異其實不大，除非作純椰子油皂，否則沐浴配方的椰子油比例通常不高，在此狀況下，辛酸（C8：0）、葵酸（C10：0）的比例更是少，無須為此極小的差異購買價格較高的棕櫚核仁油。

棕櫚油（榨取自果肉）

溶點：27℃至50℃

● 油脂成分

飽和脂肪						單元不飽和	多元不飽和				
辛酸 C8:0	葵酸 C10:0	月桂酸 C12:0	肉荳蔻酸 C14:0	棕櫚酸 C16:0	硬脂酸 C18:0	棕櫚油酸 C16:1	油酸 C18:1	亞油酸 C18:2	亞麻酸 C18:3	其他脂肪酸	不皂化物含量 %
		0.2	1.1	44	4.5		39	10			<1.0

● 成皂表現

安定性	☑非常好	□好	□普通	□不好
起泡力	□非常好	□好	☑普通	□不好
洗淨力	□非常好	☑好	□普通	□不好
肌膚溫和度	□非常好	☑好	□普通	□不好
不易溶化變形性	☑非常好	□好	□普通	□不好
建議入皂比例	20%至40%（不建議入鉀皂）			

紅棕櫚油

　　與橄欖油、酪梨油一樣，棕櫚油是非果核萃取的油，傳統上所說的棕櫚油是指果肉壓榨出的油。未經脫色精製的毛油呈現橘紅色，因為棕櫚果肉富含天然 β 胡蘿蔔素及維生素 E，抗氧化高，且「有助於修復傷口或粗糙的肌膚」的 β 胡蘿蔔素對皮膚也有促進細胞再生的作用，不僅可用於受傷調理，對面皰或肌膚粗糙以及油性肌膚也有效果。完成後的肥皂呈現胡蘿蔔素漂亮的橙色，也可用於調色的用途。

白棕櫚油

　　白棕櫚油是製作手工皂必備的油脂之一，在此是指紅棕櫚油經過精製脫色之後的油脂，其溶點在植物油中是溫差最高的，27℃至50℃；依季節的不同，夏季在室溫下可以呈現半液態，冬季則呈現固態，可隔水稍微加熱使之融化。無論是紅棕櫚油或是白棕櫚油，皆含有相同的脂肪酸成分。因含有 40% 左右的油酸，所以作出的肥皂保濕力還不錯，再加上含 40% 左右的棕櫚酸，可作出對皮膚溫和、清潔力好又堅硬不易變形的香皂；不過因為起泡力不佳，所以一般都搭配椰子油使用。整體而言，安定性非常好且不容易氧化酸敗。

目前市售的棕櫚油另有經過分提（晶析分離）後的產品，有硬脂、軟脂之分：

◎精製軟質棕櫚油（RBD Palm Olein）

簡稱軟棕油，熔點為 24℃左右，是極好的煎炸用油，適用於食品工業的油炸用油、家庭烹調用油等。由於其脂肪酸成分以油酸為主，所以成皂的硬度稍嫌不足，但是起泡力尚可，可以搭配橄欖油作出滋潤性佳＆安定性好的皂。

◎精製硬質棕櫚油（RBD Palm Stearin）

簡稱硬棕油，熔點為 50℃左右，適合作起酥油、人造奶油之製造原料。由於其脂肪酸成分以棕櫚酸為主，具有與蜜蠟相近的特性，可用來調節肥皂的硬度，氧化安定性極佳，但缺點是起泡力差，比例太高時容易造成皮膚的包覆感，通常需搭配起泡力好的椰子油方可作出清潔力好又堅硬厚實的肥皂。

Plus

小叮嚀

晶析分離（Fractionation）：油脂由各種熔點不同的甘三酯組成，導致油脂的熔點範圍有所差異。在一定的溫度下，利用各種甘三酯的熔點差異＆溶解度的不同，將油脂分成固態、液態兩部分，其分離出之部分的物理特性與原來的油脂已不相同。

乳油木果脂 Shea Butter

拉丁學名：Vitellaria paradoxa

科屬：山欖科

主要產地：非洲西部及中部地區

萃取部位：堅果

溶點：23℃至35℃

　　以西非熱帶草原自生的 SHEA 樹（非洲酪脂樹，在非洲傳說中被稱為「青春之樹」，樹齡可達三百餘年）的果實的核仁榨成的油脂，常態下呈固體奶油質感，在非洲傳統上很受珍視，通常作為食用、藥用、化妝用。它的果實食用營養價值高，果仁所提煉的果油具高度保護及滋潤的效果，被非洲婦女用來維持肌膚的健康，讓她們得以對抗長年的風沙及炙熱的陽光。據說塗抹這種油，能夠治療曬傷的肌膚、凍傷、燒傷、促進血液循環，且對肌肉痛或風濕症也都有效。近年來常作用於防曬用乳液或保濕用乳霜、手工皂的材料。

　　據分析，乳油木果脂含有豐富的維他命 A & E，可以潤澤全身，包括乾燥&脫皮的肌膚，可提高保濕及調整皮脂分泌，具有修護、調理、柔軟及滋潤肌膚的效用。且防曬作用佳，可保護亦可緩和及治療日曬後的肌膚，是保養皮膚的奢侈品。此外，也與可可脂一樣能強力覆蓋皮膚，因此適合乾燥肌膚的人使用，也適合用於製作護脣膏。

●油脂成分

飽和脂肪						單元不飽和		多元不飽和			
辛酸 C8:0	葵酸 C10:0	月桂酸 C12:0	肉荳蔻酸 C14:0	棕櫚酸 C16:0	硬脂酸 C18:0	棕櫚油酸 C16:1	油酸 C18:1	亞油酸 C18:2	亞麻酸 C18:3	其他脂肪酸	不皂化物含量 %
				4.5	40		47.5	5.5			2-11

●成皂表現

安定性	☑非常好	□好	□普通	□不好
起泡力	□非常好	□好	□普通	☑不好
洗淨力	□非常好	☑好	□普通	□不好
肌膚溫和度	□非常好	☑好	□普通	□不好
不易溶化變形性	☑非常好	□好	□普通	□不好
建議入皂比例	20% 上限　（不建議入鉀皂）			

●皂用特性

　　乳油木因含有高比例的硬脂酸，所以在手工皂中加入 5% 至 10%，就會幫助成皂質地硬實＆不易溶化變形；但也因溶點很高，若加太多易使肌膚產生不透氣的感覺。添加上限以 20% 為宜，若加至 25% 時，起泡力將會較差。在硬水區的使用者感受不到泡泡的洗感，但是清潔力依舊優越，可以拿來卸妝，是很好的洗臉皂用油。

可可脂 Cocoa Butter

拉丁學名：Theobroma cacao

科屬：梧桐科

主要產地：南美北部、全世界熱帶區

萃取部位：可可果實的種籽

溶點：35℃至39℃

●成皂表現

安定性	☑非常好 □好 □普通 □不好
起泡力	□非常好 □好 □普通 ☑不好
洗淨力	□非常好 ☑好 □普通 □不好
肌膚溫和度	□非常好 ☑好 □普通 □不好
不易溶化變形性	☑非常好 □好 □普通 □不好
建議入皂比例	15% 上限 （不建議入鉀皂）

●油脂成分

飽和脂肪						單元不飽和		多元不飽和			
辛酸 C8:0	葵酸 C10:0	月桂酸 C12:0	肉荳蔻酸 C14:0	棕櫚酸 C16:0	硬脂酸 C18:0	棕櫚油酸 C16:1	油酸 C18:1	亞油酸 C18:2	亞麻酸 C18:3	其他脂肪酸	不皂化物含量 %
			0.1	27.5	33	0.2	35	3			<2.0

可可脂是可可豆中之脂肪物質，由可可豆加熱壓榨而成。在常溫中可可脂為固體，略帶油質，色澤呈黃白色，氣味與可可相似，有令人愉快之香氣。通常以板狀進口，並用於巧克力製造業（濃化可可膏）、糖果業（用以製造若干種甜品）、香料業（用以製造香料）、化粧品製造業（用以製造化粧品）與製藥業（用以製造油膏、栓藥）等。若添加於護脣膏，能防止嘴脣乾燥，非常耐用又具有保護效果。

●皂用特性

可可脂能夠代謝老化角質，使得肌膚柔嫩有彈性。因為溶點高，調配可可脂的手工皂具有棕櫚油所沒有的強力覆蓋皮膚力，能在皮膚上形成一層保護模，感覺略微厚重，適用於洗臉及冬天的配方。添加 5% 至 10% 即可增加手工皂的硬度，但如果加入整體油的 15% 以上，材料就會變得太硬而沒有柔軟性，反而會使手工皂易脆、易裂。作皂時可以酌量增加水量，以防止邊緣的崩裂。與乳油木果脂相同，它的起泡力不好，硬水區的使用者將感受不到泡泡的洗感。

飽和
脂肪酸類

白油 Vegetable Shortening

又稱為起酥油（shortening），就是烘焙麵食點心時常用的白油。
通常是用大豆油、棉籽油、玉米油或大豆油混合棕櫚油等液態植物油添加氫來作
氫化處理（見 P.47「氫化反應」），進而提高其氧化安定性，同時變成固體脂肪。
是用來製作餅乾、糕點、塔皮、酥皮時，使製品酥脆的油脂。

●成皂表現

安定性	□非常好	☑好	□普通	□不好
起泡力	□非常好	□好	☑普通	□不好
洗淨力	☑非常好	□好	□普通	□不好
肌膚溫和度	☑非常好	□好	□普通	□不好
不易溶化變形性	☑非常好	□好	□普通	□不好
建議入皂比例	20% 上限			

●皂用特性

　　由於經過化學處理，油脂特性已經不同於大豆油，也因此不論是食用或護膚，都不具有優點。在經過氫化處理後，油脂趨於飽和，所以在室溫下呈固態，作皂可以增加成皂的硬度，使其不易溶化變形，且提高硬度。起泡能力普通，只是它的保濕因子不多，所以使用後會覺得很乾爽。因此白油必須與其他油脂混合使用，若是適當地與其他油脂混合，可以製造出很厚實而且硬度很夠、皂性溫和的手工皂。

橄欖油 Olive Oil

拉丁學名：Olea europaea

科屬：木樨科

主要產地：地中海地區國家

萃取部位：果肉

凝固點：0℃至6℃

　　橄欖油是一種製作好手工皂最基本且重要的油品，它比任何一種動物油或植物油的營養價值都要來得高。它含有豐富的維他命、礦物質、蛋白質，維他命E（是一種抗氧化的因子），可以防止肌膚因氧化而變老；如果長時間在烈日下曝曬，通常滴一點橄欖油在手掌上搓幾下溫熱後，再塗在頭髮或頭皮上，可以保護頭髮或頭皮免被大太陽曬傷。

●油脂成分

飽和脂肪						單元不飽和		多元不飽和			
辛酸 C8:0	葵酸 C10:0	月桂酸 C12:0	肉荳蔻酸 C14:0	棕櫚酸 C16:0	硬脂酸 C18:0	棕櫚油酸 C16:1	油酸 C18:1	亞油酸 C18:2	亞麻酸 C18:3	其他 脂肪酸	不皂化物 含量 %
				10.5	4	0.6	72	10	1		<1.5

●成皂表現

安定性	□非常好	☑好	□普通	□不好
起泡力	□非常好	□好	☑普通	□不好
洗淨力	☑非常好	□好	□普通	□不好
肌膚溫和度	☑非常好	□好	□普通	□不好
不易溶化變形性	□非常好	□好	□普通	☑不好
建議入皂比例	20%至100%			

●皂用特性

橄欖油中含有高達 70% 的油酸；在不飽和脂肪酸中，油酸是安定性良好的油，也是液狀植物油中耐久的油。由於油酸分子細膩，容易滋養肌膚，並具有保濕＆修護肌膚的功能，以橄欖油製造出的香皂洗完後肌膚會變得很光滑、柔嫩。雖然橄欖油的起泡力沒有椰子油那麼好、泡沫也沒有椰子油多，可是它的泡沫卻相當持久且如奶油般的細緻，不論在冷水或溫水中都能發揮極適合人體肌膚的洗淨力，但又不致於過度地洗淨，洗除了肌膚表面的油脂（保護層）。它更深具滋潤性及保濕效果，因此常被用來製作乾性膚質或乾性髮質專用的橄欖皂＆嬰兒皂。對於天然手工皂而言，它是不可或缺的基本原料之一。

根據國際橄欖油協會（IOOC/ INTERNATIONAL OLIVE OIL COUNCIL）的定義，橄欖油依壓榨次序可分三級，整理分類如下：

第一道冷壓初榨橄欖油（VIRGIN OLIVE OIL）

以機械或物理方式壓榨，過程中應避免過熱影響品質，除了洗淨、傾析、離心及過濾等，不可使用其他化學處理方式。一般稱「處女橄欖油」，是以人工摘取方式摘下果實後，挑選沒受損，且完全成熟、品質佳的果實，經洗淨、烘乾，於24小時內將果實打碎、擠壓、過濾，不添加任何化學成分或使用任何化學方式製造，且製造過程須在攝氏27℃內以冷壓製造。是最高等級的橄欖油，油質呈金綠色，適用於拌菜、拌麵、沾麵包及調理沙拉醬。

◎**特級初榨橄欖油**（EXTRA VIRGIN OLIVE OIL）：風味最佳，帶點果香＆些許辛辣後味，含0.8%以下的游離脂肪酸。

◎**優質初榨橄欖油**（FINE VIRGIN OLIVE OIL）：風味較特級初榨橄欖油稍差，味道純正、芳香，帶點水果味，含2%以下的游離脂肪酸。

◎**普通初榨橄欖油**（ORDINARY VIRGIN OLIVE OIL）：含3.3%以下游離脂肪酸的原油。

◎**高酸度初榨橄欖油**（LAMPANTE VIRGIN OLIVE OIL）：風味不佳、次等的橄欖油。因為果實受傷、過熟等原因，通常帶著酒醋味、霉味等，歐盟標準不允許直接裝瓶食用，通常被歸類為次等橄欖油（Lampante），必需再精製使用。含3.3%以上游離脂肪酸，不適合食用，提供精緻用途油或工業用途使用。

精製橄欖油（REFINED OLIVE OIL）

◎**精製橄欖油**（REFINED OLIVE OIL）：橄欖原油經脫酸、脫色、脫臭的精製過程精煉後所得的橄欖油，含0.3%以下游離脂肪酸。色澤上多呈亮金黃色，適合高溫烹飪及油炸，也適合調製口感清淡的沙拉醬。

◎**調合式橄欖油**（PURE OLIVE OIL）：一般所稱的純橄欖油，指精製橄欖油與風味性的處女橄欖油混合調製所得的橄欖油，含1%以下游離脂肪酸。占業務用最大市場，主要供應給各個油脂業、食品加工業者作後續調味及不同用

途。因為味道清淡，在美國通常也被稱為 Extra Light 清淡橄欖油，色澤上多呈現亮金黃色或淡綠色，適合高溫烹飪及油炸，或調製口感清淡的沙拉醬。

橄欖果渣油類（OLIVE POMACE OIL CATEGORY）

收集橄欖榨油後的果渣，再經溶劑萃取回收而得。此類油品經過精製後，被稱為果渣橄欖油。

◎橄欖果渣原油（CRUDE OLIVE RESIDUE OIL）：將橄欖殘渣再次壓榨所取得，未經提煉的生油。

◎精煉後橄欖果渣油（REFINED OLIVE RESIDUE OIL）：橄欖果渣油經精製去酸、去色後所得到的油，含 0.3% 以下游離脂肪酸。

◎調合式精煉橄欖果核油（OLIVE RESIDUE OIL）：一般稱為「POMACE橄欖油」，指由精煉後橄欖果渣油＆有風味性橄欖原油，混合調製所得的橄欖油，含1%以下游離脂肪酸。

●橄欖油・油品等級比較

		VIRGIN（初榨油）				REFINED（精製油）		RESIDUE（渣油）		
		特級 EXTRA VIRGIN	優質 FINE VIRGIN	普通 ORDINARY	高油酸 LAMPANTE	精製	調和 PURE	生油 CRUDE	精製	調和 POMACE
Acidity 游離脂肪酸	%	<0.8	<2	<3.3	>3.3	<0.3	<1		<0.3	<1
Trace 時間		第①				第②			第③	
遇水硬度		第①				第②			第③	
安定性		第①				第②			第③	

不管哪一分類的橄欖油，能幫助肌膚洗感光滑、柔嫩的油酸比例都是介於 63% 至 81%，但是隨著每一次壓榨，橄欖油的非皂化部分就會減少，抗氧化的威力也會減低。Trace 的時間、完成的硬度，以及成皂的安定性也會有些許的不同。

VIRGIN 等級作的皂，因不皂化物未被脫除，造成泡沫最為綿密＆產生乳霜般的洗感，遇水的軟化程度也最低。也因為這些不皂化物的留存，成皂最為安定持久，但是價格也相對昂貴。

REFINED 等級作的皂，肌膚洗感與 VIRGIN 差異不大，安定性很好且價格合理，只是遇水硬度稍差，建議可以添加棕櫚油來補強。

RESIDUE 等級作的皂，肌膚洗感也與 VIRGIN 差異不大，但是遇水硬度極差。若是作高比例的橄欖渣油皂，遇水軟爛的程度會相對嚴重，且會在潮濕的外表形成牽絲的現象。因此，此等級的油適合製作液態皂，其皂化程度較高的製作方式可以提升皂的安定性，再者硬度差對於液態皂也不會構成問題。其優點是價格低廉。

Plus

小叮嚀

目前坊間流行的牽絲好皂，實際是以高比例的橄欖油（或是堅果油類）即能製作。橄欖油（堅果油）中的油酸即有遇水容易軟爛的特性，易造成牽絲的現象，若是再以橄欖渣油等級來製作，牽絲效果將更加顯著。只是對於以往不喜軟爛洗感的使用者來說，不啻為一種重大的使用習慣改變，對於DIY者來說也樂得不需多費唇舌來解釋為何手工皂比市售香皂來得軟爛，如此化缺點為優點的論調，不得不說是一種成功的行銷。

單元不飽和
脂肪酸類

山茶花油／苦茶油
Camellia Oil

拉丁學名：Camellia oleifera

科屬：山茶科

主要產地：中國、日本

萃取部位：果仁

凝固點：－15℃至－21℃

　　山茶花油，在日本也稱為椿油 Camellia Oil，山茶花油取自源生於亞熱帶區域的樹種子，是山茶花種子壓榨而得。山茶花為山茶科山茶屬之常綠小喬木，「苦茶油」則是油茶樹的種子俗稱「苦茶籽」，油茶樹亦屬山茶科山茶屬之常綠小喬木，英名為 Oiltea Camellia，與山茶花是同屬的親戚。一般山茶花種子會拌炒之後經榨油機壓榨而得油，拌炒的溫度越高榨出的油顏色較深，且香氣較濃，而未經久炒的種子榨出顏色較淡的油，較無香氣，但營養成分較高。

　　山茶花油已經被中國及日本的女性使用許多世紀了，它含有豐富之蛋白質、維生素 A、E 等，其營養價值及對高溫的安定性均很優越，甚至可與橄欖油相媲美。它具有高抗氧化物質，能讓肌膚保溼，滲透性快，可用於全身肌膚，在表皮上形成一層很薄的保護膜，保住皮膚內的水分，同時也能防護紫外線與空氣污濁對肌膚的損傷，是預防肌膚過早出現皺紋的滋補用油。此外也是頭髮的滋補物，是老祖母的護髮秘方，可促進頭皮的血液循環、防治脫髮，使頭髮不乾燥更有光澤。

　　山茶花的珍貴不只來自於它花朵的繽紛與美麗，自古以來它更被視為皇宮貴族最好的身體滋養物品，相傳慈禧太后每日用山茶花油按摩滋養全身，維持年輕嬌嫩的肌膚。而拿破崙一生的最愛約瑟芬，在居住的城堡種滿山茶，除了玩味觀賞之外，更請專人將山茶花榨油為她護膚。時尚界不朽的經典風範香奈

兒夫人，更為山茶花做了無數次美麗的註解，在服飾、流行配件上將山茶花的美麗形象展露無遺。

●油脂成分

飽和脂肪						單元不飽和		多元不飽和			
辛酸 C8:0	葵酸 C10:0	月桂酸 C12:0	肉荳蔻酸 C14:0	棕櫚酸 C16:0	硬脂酸 C18:0	棕櫚油酸 C16:1	油酸 C18:1	亞油酸 C18:2	亞麻酸 C18:3	其他 脂肪酸	不皂化物 含量 %
				8.5	2	2	85	4	0.6		<1.0

●成皂表現

安定性	□非常好	☑好	□普通	□不好
起泡力	□非常好	□好	☑普通	□不好
洗淨力	☑非常好	□好	□普通	□不好
肌膚溫和度	☑非常好	□好	□普通	□不好
不易溶化變形性	□非常好	□好	☑普通	□不好
建議入皂比例	20%至 100%			

●皂用特性

　　山茶花油在脂肪酸成份上和橄欖油一樣具有高比例的油酸，占整體脂肪酸的 80% 以上；在不飽和脂肪酸中，容易氧化的亞油酸比橄欖油少，因此比橄欖油更耐用更為安定。但因油酸比例多，且不具起泡力佳的亞油酸，因此成皂起泡力較差。若使用 100% 茶花油，能製作出和橄欖油肥皂的外表及使用感非常類似的肥皂。在台灣購得的苦茶油常屬未精製油，入皂若是超過 30%，通常還會具有其特殊濃厚的堅果油味，若是不介意，亦可嘗試製作 100% 的苦茶油皂；由於是未精製的油品，所以可以作出泡沫綿密，不至於太軟爛的優質香皂，可媲美 VIRGIN 橄欖油的洗感，成為東方的專屬特色皂。

單元不飽和
脂肪酸類

甜杏仁油 Sweet Almond Oil

拉丁學名：Prunus dulcis

科屬：薔薇科

主要產地：地中海地區、北非、加州

萃取部位：果仁

凝固點：－10℃至－21℃

　　由杏樹果實壓榨而來，富含維生素 A、E、B 群，及礦物質、醣物、蛋白質，油酸則占 64% 至 82% 左右，是一種質地輕柔，高滲透性的天然保濕劑。含有 21% 左右的亞油酸，因此黏度比橄欖油或茶花油稍低，比較清爽、觸感好。甜杏仁油是堅果油系中最為清爽的，滋潤皮膚與軟化膚質功效良好，適合作全身按摩。且含有超高的生育酚含量，這種 α- 生育酚是一種強化版的 Vit-E 活性分子，所以也就具有極佳的護膚效果。很適合乾性、皺紋、粉刺、面皰及容易過敏發癢的敏感性肌膚，能改善皮膚乾燥發癢現象，緩和痠痛＆抗炎，質地輕柔、溫和，連嬰兒肌膚都可使用。更可平衡內分泌系統的腦下垂腺、胸腺及腎上腺，促進細胞更新。

●油脂成分

飽和脂肪						單元不飽和		多元不飽和			
辛酸 C8:0	葵酸 C10:0	月桂酸 C12:0	肉荳蔻酸 C14:0	棕櫚酸 C16:0	硬脂酸 C18:0	棕櫚油酸 C16:1	油酸 C18:1	亞油酸 C18:2	亞麻酸 C18:3	其他脂肪酸	不皂化物含量 %
				6.3	1.5		71	21			<1.5

●成皂表現

安定性	□非常好	□好	☑普通	□不好
起泡力	□非常好	☑好	□普通	□不好
洗淨力	☑非常好	□好	□普通	□不好
肌膚溫和度	☑非常好	□好	□普通	□不好
不易溶化變形性	□非常好	□好	□普通	☑不好
建議入皂比例	20% 上限			

●皂用特性

　　甜杏仁油是以油酸為主的油脂，可以使皂溫和且滋潤，同時還含有不小比例的亞油酸，因此提昇了皂的起泡力，使成皂的泡沫蓬鬆。不過因為市售油品大多已經精製過，可以維持油品安定的成分已不存在，故成皂的安定性不甚理想，不建議大比例的添加，上限以 20% 為佳；若搭配橄欖油，可以作出品質極高，適合洗臉＆嬰兒肌膚適用的溫和肥皂。

單元不飽和
脂肪酸類

澳洲堅果油 Macadamia Nut Oil

拉丁學名：Macdadamia ternifolia

科屬：山龍眼科

主要產地：夏威夷、美國、紐西蘭、肯亞

萃取部位：果仁

凝固點：－15℃至－22℃

　　澳洲堅果為常綠大喬木，原產澳洲，所以澳洲堅果又稱澳洲栗、澳洲胡桃、昆士蘭龍眼、昆士蘭栗、邁凱台等，但是較有名的名稱是夏威夷火山豆。澳洲堅果油（Macadamia Nut Oil）油性溫和不刺激肌膚且延展性好，所以使用時不會有油膩的感覺。加上它具有很強的滲透力，能快速滲透肌膚，被肌膚吸收，且含棕櫚油酸達 20% 以上，在皮膚細胞的再生上占有重要角色，可以促進細胞新生，使老化的肌膚得到好的滋潤，對於老化肌膚的復原有很大的益處，也有助於修復傷口或因濕疹受傷的皮膚。另外，澳洲堅果油也含有豐富的肌膚必須脂肪酸，及良好的保濕功能，能修復並滋潤乾燥的肌膚，讓肌膚常常保持水嫩明亮。

● 油脂成分

飽和脂肪						單元不飽和		多元不飽和			
辛酸 C8:0	葵酸 C10:0	月桂酸 C12:0	肉荳蔻酸 C14:0	棕櫚酸 C16:0	硬脂酸 C18:0	棕櫚油酸 C16:1	油酸 C18:1	亞油酸 C18:2	亞麻酸 C18:3	其他脂肪酸	不皂化物含量 %
				8.5	4	21	58.5	2	1.5		<0.5

● 成皂表現

安定性	□非常好	☑好	□普通	□不好
起泡力	□非常好	□好	☑普通	□不好
洗淨力	☑非常好	□好	□普通	□不好
肌膚溫和度	☑非常好	□好	□普通	□不好
不易溶化變形性	□非常好	□好	☑普通	□不好
建議入皂比例	20%至100%			

●皂用特性

　　澳洲堅果油主要成分是單元不飽和的油酸＆棕櫚油酸，因為高達 80% 所以非常安定不易氧化。使用 100% 的澳洲堅果油，能製作出非常溫和、使用感極佳，且類似橄欖油的手工皂，皂體將呈現很有質感的淡淡藕紫色。起泡力普通，但是洗完後感覺滋潤，比橄欖油略為清爽柔和。可以與其他油品均衡組合，只要使用整體油的 10% 到 20% 的澳洲堅果油，就能徹底發揮功效；適當地添加，能夠讓肌膚產生活力。澳洲堅果油屬於高級油脂，它的保存期限可以很長，所以成為作皂人的最愛之一。事實上，作皂人喜愛它原因，還是在於它的滲透力強，保濕效果絕佳，很容易被肌膚吸收，但是價格也相對較為昂貴。

榛果油 Hazelnut Oil

拉丁學名：Corylus avaellana

科屬：樺木科

主要產地：南歐、中歐、土耳其

萃取部位：果仁

　　榛果內含有滿滿的活力來源，除了高達 65% 的油脂之外，還含有高價值的蛋白質、碳水化合物以及維生素 E。由於維生素 E 的含量很高，所以是一個絕佳的潤膚劑，可被皮膚迅速吸收，提供軟化與滋潤，且具有防紫外線的功能，還能治療許多皮膚方面的問題（特別是皮膚乾燥及敏感），也常作為眼睛周圍用的晚霜或防曬用品的材料。

●油脂成分

飽和脂肪						單元不飽和		多元不飽和			
辛酸 C8:0	葵酸 C10:0	月桂酸 C12:0	肉荳蔻酸 C14:0	棕櫚酸 C16:0	硬脂酸 C18:0	棕櫚油酸 C16:1	油酸 C18:1	亞油酸 C18:2	亞麻酸 C18:3	其他脂肪酸	不皂化物含量 %
				4.6	2.5		77	12.5			<2.0

●成皂表現

安定性	□非常好	☑好	□普通	□不好
起泡力	□非常好	☑好	□普通	□不好
洗淨力	☑非常好	□好	□普通	□不好
肌膚溫和度	☑非常好	□好	□普通	□不好
不易溶化變形性	□非常好	□好	□普通	☑不好
建議入皂比例	10%至100%			

●皂用特性

　　由於含有比例很高的單元不飽和脂肪酸，作皂的質感與橄欖油類似，有很好的肌膚潤澤效果。由於維生素 E 的含量很高，是安定性良好的油脂，不易氧化酸敗；入皂比例可比照橄欖油，甚至使用 100% 榛果油，能製作出使用感極佳的洗臉肥皂。

單元不飽和
脂肪酸類

酪梨油 Avocado Oil

拉丁學名：Persea americana

科屬：樟科

主要產地：中美洲

萃取部位：果肉

　　酪梨是金氏世界紀錄所記載最營養的水果，含有非常豐富的維他命 A、D、E、B 群及氨基酸、卵磷脂等其他營養素，是極具營養的食物。

　　酪梨油取自於酪梨果實，先經過削皮、去籽，再將果肉切片、高溫脫水、冷壓製油等程序。尚未精煉的酪梨油呈現自然的淺綠色，精煉過後則是淡黃色。它本來就是一種美顏聖品，相較於其他植物油，它以高滲透皮膚的滲透力而聞名，非常容易讓肌膚吸收，進入肌膚底層並達到極佳的保養效果；並且有修復肌膚的功能，對於肌膚最敏感的部位如眼睛四周和頸部，都能有很好的保護＆滋潤功效。保濕效果高的固醇類含量也多，能充分滲透上層肌膚，因此對乾性肌膚或過敏性肌膚者，有非常好的效果。它能給予肌膚充分的滋潤，使肌膚感覺保濕，肌膚也能摸得到水嫩＆彈性的好質感。可有效幫助解決濕疹、肌膚疹及老化肌膚等問題。

●油脂成分

飽和脂肪						單元不飽和		多元不飽和			
辛酸 C8:0	葵酸 C10:0	月桂酸 C12:0	肉荳蔻酸 C14:0	棕櫚酸 C16:0	硬脂酸 C18:0	棕櫚油酸 C16:1	油酸 C18:1	亞油酸 C18:2	亞麻酸 C18:3	其他 脂肪酸	不皂化物 含量 %
				12	0.5	6	66	12	2.5		<4.0

●成皂表現

安定性	□非常好	☑好	□普通	□不好
起泡力	□非常好	☑好	□普通	□不好
洗淨力	☑非常好	□好	□普通	□不好
肌膚溫和度	☑非常好	□好	□普通	□不好
不易溶化變形性	□非常好	□好	□普通	☑不好
建議入皂比例	10%至 100%			

●皂用特性

　　酪梨油作成的肥皂對肌膚非常溫和，因此特別受歡迎，常調配於嬰兒用手工皂＆洗臉皂中，有非常好的柔潤效果。由於油酸含量多，因此作成手工皂洗完後的皮膚非常柔和；且含適度的亞油酸，可以產生適量的泡沫。若使用冷壓酪梨油，trace 速度會相當快，皂的成色偏黃，但是不易變形的效果比精製過的酪梨油更好。

蓖麻油 Castor Oil

拉丁學名：Ricinus communis

科屬：大戟科

主要產地：印度、俄羅斯、巴西、中國和地中海國家

萃取部位：種籽

凝固點：－10℃至－18℃

　　蓖麻又名草麻子或紅大麻子，屬大戟科蓖麻屬。蓖麻的種子（含油約50％），去殼後的籽仁含油量高達近70％，含18％左右的蛋白質。成熟種子經榨取並精製後可得到蓖麻油，質地為幾乎無色或微帶黃色的澄清黏稠液體。

　　蓖麻樹有人稱它為「石油樹」，也有人說它是「種出來的石油」，是極佳的石油替代作物；蓖麻油除可作為生質柴油外，蓖麻也有「油中之王」的稱號，經濟價值高且廣泛。蓖麻油有粘度高、酸度低、耐高溫（可在500℃至600℃高溫下不變質＆不燃燒）、不易氧化、攝氏零度以下不易凝結（-18℃的低溫下不凝固）等特性，是上等潤滑油或剎車油，可使用於軍事用途。

　　成熟的蓖麻子含有蓖麻毒素（ Ricin ）。此毒素貯藏在成熟的蓖麻子中，能抑制蛋白質合成過程，進而對生物體造成傷害。蓖麻毒素為球蛋白，當遇熱、紫外線、以用甲醛處理後，就會失去毒性。我們使用的精製蓖麻油皆已經過高溫處理，所以可以放心使用。

●油脂成分

飽和脂肪						單元不飽和		多元不飽和			
辛酸 C8:0	葵酸 C10:0	月桂酸 C12:0	肉荳蔻酸 C14:0	棕櫚酸 C16:0	硬脂酸 C18:0	棕櫚油酸 C16:1	油酸 C18:1	亞油酸 C18:2	亞麻酸 C18:3	其他脂肪酸	不皂化物含量 %
				2	1		7	3.6		蓖麻油酸 87-89	<1.5

●成皂表現

安定性	□非常好	☑好	□普通	□不好
起泡力	□非常好	□好	□普通	☑不好
洗淨力	□非常好	☑好	□普通	□不好
肌膚溫和度	□非常好	☑好	□普通	□不好
不易溶化變形性	□非常好	□好	□普通	☑不好
建議入皂比例	5% 至 10% （鉀皂上限 25%）			

●皂用特性

蓖麻油的蓖麻油酸含量將近 90%。不能食用，主要用於工業。它的親水特性，可以作出黏度很高，保濕力好且溫和的肥皂。不過蓖麻油的起泡力極差，又具有容易溶化變形的特性，所以固態皂的比例不適合添加超過 10%。但是親水又極易溶化的特性，使得它非常適合製作液態皂，若在液態洗髮皂中添加 10% 至 25%，可以增加洗後的滑順度。

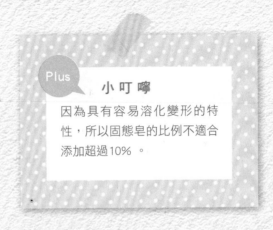

Plus
小叮嚀
因為具有容易溶化變形的特性，所以固態皂的比例不適合添加超過10%。

芥花油 / 油菜籽油 Canola / Rapeseed Oil

拉丁學名：Brassica napus

科屬：十字花科

主要產地：中歐、加拿大、中國

萃取部位：種籽

凝固點：0℃至－12℃

　　芥花油萃取自芥菜籽（油菜種子），過去稱為芥菜籽油。古代種植的芥菜（油菜）最初主要供作為蔬菜用，稱為芸苔菜。後來發現芥菜籽中含有較多的油分，逐漸轉為蔬、油兩用，這時它才被正式稱為油菜，並列為產油作物。早期的芥花油含有 45% 至 50% 的芥酸，這是一種眾所周知的有毒物質，對人體健康會造成危害。所以現今的的芥菜籽已經過基因改良，芥酸大幅的減少（由50% 降低至 0.5%）；雖然如此，市面上的芥花油仍須經過高度的精煉過程，而它也成為全世界生產量最大的油品之一。（芥花油經過高度精煉，因此並無重要的治療屬性，在美容或是芳療目的上並無特別用處。）

●油脂成分

飽和脂肪						單元不飽和	多元不飽和			
辛酸 C8:0	葵酸 C10:0	月桂酸 C12:0	肉荳蔻酸 C14:0	棕櫚酸 C16:0	硬脂酸 C18:0	棕櫚油酸 C16:1	油酸 C18:1	亞油酸 C18:2	亞麻酸 C18:3	其他脂肪酸	不皂化物含量 %
				4	2		60	20	10	芥酸 2	<1.5

●成皂表現

安定性	□非常好	□好	□普通	☑不好
起泡力	□非常好	☑好	□普通	□不好
洗淨力	☑非常好	□好	□普通	□不好
肌膚溫和度	☑非常好	□好	□普通	□不好
不易溶化變形性	□非常好	□好	□普通	☑不好
建議入皂比例	20% 上限			

●皂用特性

　　芥花油除了食用的優點之外，在製作手工香皂過程中也擔任重要的角色。經過改良的新品種芥花油，含高達 55% 至 60% 的油酸，能作出滋潤度不錯的肥皂，將近 30% 的多元不飽和脂肪酸，能使手工香皂泡沫豐沛且溫和保濕。缺點是硬度不佳、氧化安定性稍差。也由於價格低廉＆脂肪酸比例接近甜杏仁油，所以可以當成甜杏仁油的替代油品。

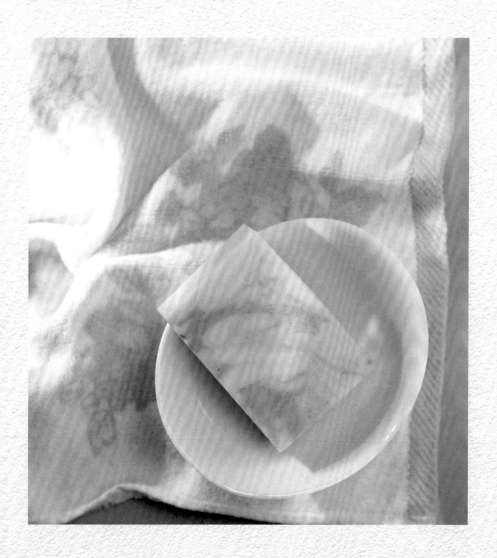

米糠油 Rice Bran Oil

拉丁學名：Oryza sativa
科屬：禾本科
主要產地：日本、東南亞
萃取部位：米的外殼
凝固點：－5℃至－10℃

　　米糠油又稱玄米油，稻穀去掉外殼後，那些穀殼叫作「粗糠」，去掉粗糠的稻穀叫「糙米」，糙米外表有一層薄薄的皮，這層皮就叫「米糠」；米糠中含油類物質，可以拿來製油，而製出來的油就叫作「米糠油」。

　　據現代研究顯示，米糠中含有蛋白質、氨基酸、煙酸、豐富的抗氧化效果的維生素 E、谷維素、有保濕效果的固醇、角鯊烯、蠟、生育酚、阿魏酸（一種抗氧化劑）等許多不皂化物。這些天然的抗氧化劑，不僅可以抗老化，使老化的肌膚得到滋潤，並且可以防止油脂腐敗，延長油脂的使用壽命。除了供給肌膚水分及營養，達到使肌膚柔軟的效果，還具有美白、抑制肌膚細胞老化的功用。

　　米糠油還是一種營養豐富的植物油，其脂肪酸組成為：42% 左右的油酸 & 37% 左右的亞油酸；其油酸與亞油酸的比例約在 1.1：1，從現帶營養學的觀點看，此一比例的油脂具有較高的營養價值。

●油脂成分

	飽和脂肪					單元不飽和		多元不飽和			
辛酸 C8:0	葵酸 C10:0	月桂酸 C12:0	肉荳蔻酸 C14:0	棕櫚酸 C16:0	硬脂酸 C18:0	棕櫚油酸 C16:1	油酸 C18:1	亞油酸 C18:2	亞麻酸 C18:3	其他 脂肪酸	不皂化物 含量 %
	-		0.3	16.5	2	0.1	41.5	37	2		<6.0

●成皂表現

安定性	□非常好	☑好	□普通	□不好
起泡力	□非常好	☑好	□普通	□不好
洗淨力	☑非常好	□好	□普通	□不好
肌膚溫和度	☑非常好	□好	□普通	□不好
不易溶化變形性	□非常好	□好	☑普通	□不好
建議入皂比例	10%至30%			

●皂用特性

　　米糠油中的維生素 E 及谷維素都具有抗氧化作用，使米糠油的氧化穩定性比較好，容易儲存。可是米糠油也會因精製的方法而使得這些有用的不鹼化物的有效殘留造成極大的差異。如果使用不鹼化物少的米糠油來作皂，因缺乏抗氧化的物質且亞麻油酸比例高達 38%，所以皂的壽命一定會縮短。但也因具有亞油酸，作出的肥皂將具有起泡佳＆清爽的使用感。缺點是硬度稍嫌不足，若在意溶化度，可組合椰子油或棕櫚油來調配。如果想活用米糠油性質，可依個人喜好調配 20% 左右來製作肥皂。米糠油使用在手工皂製作上，功效類似小麥胚芽油＆芝麻油，但是價格卻比此二者便宜，因此也是製作手工皂的重要原料之一。

蠟

荷荷芭油 Jojoba Oil

拉丁學名：Simmondsia chinensis

科屬：油蠟樹科

主要產地：以色列、墨西哥、加州

萃取部位：果實

溶點：放置在冰箱的冷藏庫裡會凝固，但若室溫高過10℃就會迅速液化。

　　荷荷芭是一種沙漠植物，荷荷芭油萃取自於荷荷芭果實，它並非是一種油脂，而是一種金色的液態蠟。它不是全部由三酸甘油脂組成，是由長鏈的脂肪酸（平均C20）&長鏈的脂肪酸醇（平均C21）所組成；成分很類似人體皮膚的油脂，具有相當良好的滲透性與穩定性。將荷荷芭油塗抹於皮膚上，非常容易被吸收，且觸感滑順，能夠長時間維持保護肌膚的功效，能耐強光、高溫，且不易氧化，有良好的耐熱穩定性（可以加熱至攝氏300℃）且不易腐臭，是可以長期保存的油品。

　　荷荷芭油富含維生素D、蛋白質、礦物質，對維護皮膚水分、預防皺紋與軟化皮膚特別有效。含有抗發炎、抗氧化及維修皮膚讓皮膚細胞正確運作的功能，適合油性、發炎的皮膚、面皰、濕疹等肌膚。還可以幫助頭髮烏黑、柔軟及預防分叉，是最佳的頭髮用油，可以滋潤並軟化頭髮，也可以調理油性髮質，許多市售洗髮用品都會添加。

●油脂成分

飽和脂肪						單元不飽和		多元不飽和			
辛酸 C8:0	葵酸 C10:0	月桂酸 C12:0	肉荳蔻酸 C14:0	棕櫚酸 C16:0	硬脂酸 C18:0	棕櫚油酸 C16:1	油酸 C18:1	亞油酸 C18:2	亞麻酸 C18:3	其他 脂肪酸	不皂化物 含量 %
			0.2	1.6		0.4	12	0.2		花生酸 68-71 芥酸 12-15	50

●成皂表現

安定性	☑非常好	□好	□普通	□不好
起泡力	□非常好	□好	□普通	☑不好
洗淨力	□非常好	□好	□普通	☑不好
肌膚溫和度	□非常好	☑好	□普通	□不好
不易溶化變形性	☑非常好	□好	□普通	□不好
建議入皂比例	5% 上限（不建議入鉀皂）			

●皂用特性

荷荷巴油適合各種膚質使用，
成品洗感清爽，建議用量 5%
以下。

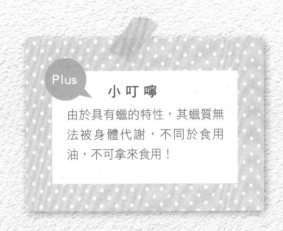

Plus

小 叮 嚀

由於具有蠟的特性，其蠟質無
法被身體代謝，不同於食用
油，不可拿來食用！

FIN GARDEN
FIN Garden
Handmade Soap
http://www.fin-garden.com/
FIN GARDEN
FIN Garden
Handmade Soap
http://www.fin-garden.com/
FIN GARDEN
FIN Garden
Handmade Soap
http://www.fin-garden.com/

Part3
手工皂
配方講解

無論是初學者或多年經驗的手作者，因為技藝的傳承，或口耳相傳，或看書學習，都知道橄欖油皂溫和、滋潤，是作皂的上好油品，所以在寫配方時無可避免的，都會以高比例的橄欖油或珍貴的堅果油來入皂，這樣配方的結果是——皂遇水後容易軟爛變形。製皂的人會很理想化地企圖說明及說服使用者，這樣軟爛拉絲的現象是正常的，代表用了好油，才是好皂。但是九成以上的使用者不是作皂者，也無法理解我們長篇大論、諄諄善誘，試圖說明的又是何道理，尤其是付費購買的客戶要求更高——要天然不刺激、要滋潤、要溫和、要不緊繃、要有泡泡、要有洗淨力、要不會溶化……製皂者要能以使用者的感受為觀感，不管使用者是自身、家人或客戶，需求總會相異，如何兼顧各家需求就成了構思配方時有趣的課題。

　　讀完油脂的特性之後，我們已經明白，油脂的「不鹼化物」成分可以呈現各種油脂的營養功用，但是內服可被吸收的營養卻因皮膚的保護機制（分子太大，無法被吸收），使得在短短的沐浴時間內，無法被吸收產生功效。因此，脂肪酸的特性成為手工皂好壞差異的主要因素，滋潤力、清潔力、起泡力，都因脂肪酸的組和而顯現出不同特質。

手工皂基本油品

油脂大體上分成三大類（已在上一章詳細闡述特性）：

●飽和脂肪酸

作皂特性：提高皂的硬度，保存安定性高。

代表油脂：椰子油、棕櫚油、乳油木果脂、可可脂、白油、動物性脂肪。

●單元不飽和脂肪酸

作皂特性：肌膚適應性高，滋潤溫和，保存安定性不錯（是配方中的主角）。

代表油脂：堅果系（堅果、果實）油品（如：橄欖油、山茶花油、甜杏仁油、酪梨油、澳洲堅果油、榛果油）。

●多元不飽和脂肪酸

作皂特性：溫和清爽、易溶化變形、保存安定性低（建議不使用）。

代表油脂：月見草油、玫瑰果油&蔬菜系（種籽）油品（如：葡萄籽油、葵花油、大豆油）。

從脂肪酸含量表中，我們可以發現橄欖油與山茶花油的脂肪酸含量相似性很高，茶花油的「單元不飽和脂肪酸」高達 85%，比橄欖油更高；而橄欖油則含有「多元不飽和脂肪酸」10% 左右，這代表茶花油（未精製）的稠度及滋潤性都高於橄欖油。再觀察其他堅果系油，可以發現「單元不飽和脂肪酸」比例都高達 65% 以上，其中甜杏仁油因為含有 20% 左右的「多元不飽和脂肪酸」可以說是所有堅果系油中最為清爽的油品，這也意謂著各種堅果油系的油品有著相類似的脂肪酸特性，只是稠度&滋潤性的程度上有些許差異，所以作皂時只要選用單一種堅果系油（如：橄欖油、山茶花油、甜杏仁油、酪梨油、澳洲堅果油、榛果油）作為配方的主角即可，若同時選用兩種以上，在性質上是重複的。但若考量到成本，則可以以較低價的橄欖油搭配任一較昂貴的堅果油，形成的洗感是差異不大的。

三種推薦的基本油品

基於脂肪酸的特性，再考量到作皂時的五大要素：① 洗淨力（椰子油／橄欖油）、② 起泡力（椰子油）、③ 不易變形（椰子油／棕梠油）、④ 肌膚適應性（橄欖油）、⑤ 安定性（椰子油／棕梠油／橄欖油）

以上可以發現，只要具備三種油脂，即可依比例調整作出適合各種肌膚的手工皂。

橄欖油 可以使用其他堅果油（如橄欖油、山茶花油、甜杏仁油、酪梨油、澳洲堅果油、榛果油），部分或全部取代。

椰子油 每一種油品都具有程度不一的清潔力，橄欖油的清潔力就很優越，所以椰子油在此提供的是起泡的感受、安定性及不易變形的特性。

棕梠油 在配方中不具角色特性，只是一個輔助的角色，不干擾配方的主體；因本身溫和，硬度又高，可以提高安定性，且不易變形。

僅以此三種油品闡述配方比例如下：

適用部位	膚質	椰子油	棕梠油	橄欖油
身體	乾性	15% 至 20%	balance	40% 至 60%
	中性	25%	balance	30% 至 40%
	油性	30%	balance	30% 上限
臉部	乾性	0% 至 20%	balance	50% 至 100%
	油性	25%	balance	35% 上限
幼兒 & 敏感肌膚	弱鹼性的手工皂對於脆弱的肌膚來說，尚屬刺激，所以不建議使用。			
頭髮	因本人一直未得到良好的洗感，暫不推薦。			

	1	2	3
配方考量順序	橄欖油（主角）	→ 椰子油	→棕梠油
配方考量原因	肌膚所能承受的厚重感	→ 起泡力 & 不易變形	→ 填補比例空缺 & 不易變形

如何運用乳油木果脂 & 可可脂

● 乳油木果脂：乳油木果脂含有高比例的硬脂酸，添加 10% 就可以幫助肥皂硬實且不易溶化變形，另含有超過 40% 的油酸，可以柔軟 & 滋潤肌膚，且使得肥皂的成品具有溫潤的厚實感；但因其溶點很高（abt.35℃），即使洗熱水澡，依然會有很強的包覆肌膚感，甚至會造成毛細孔的阻塞。上限20%，不宜過高。

適用部位	膚質	椰子油	棕梠油	乳油木果脂	橄欖油
身體	乾性	15% 至 20%	balance	10%-20%	20% 至 40%
	中性	25%	balance	—	30% 至 40%
	油性	30%	balance	—	30%
臉部	乾性	0% 至 20%	balance	10%-20%	40% 至 70%
	油性	25%	balance	—	35%
幼兒 & 敏感肌膚	弱鹼性的手工皂對於脆弱的肌膚來說，尚屬刺激，所以不建議使用。				
頭髮	因本人一直未得到良好的洗感，暫不推薦。				

● 可可脂：含有高比例的硬脂酸及棕梠酸（加起來超過 50%），添加 5% 至 10% 即可增加手工皂的硬度且不易溶化變形，即使洗熱水澡，依然會有很強的包覆肌膚感，甚至會造成毛細孔的阻塞。另含有超過 30% 的油酸，能夠代謝老化角質，使得肌膚柔嫩有彈性。整體添加上限 15%，否則會造成皂體脆而易裂。

適用膚質	膚質	椰子油	棕梠油	可可脂	橄欖油
身體	乾性	15% 至 20%	balance	10% 上限	20% 至 40%
	中性	25%	balance	—	30% 至 40%
	油性	30%	balance	—	30%
臉部	乾性	0% 至 20%	balance	15% 上限	40% 至 70%
	油性	25%	balance	—	35%
幼兒 & 敏感肌膚	弱鹼性的手工皂對於脆弱的肌膚來說，尚屬刺激，所以不建議使用。				
頭髮	因本人一直未得到良好的洗感，暫不推薦。				

雖然三種油脂即可搭配出多種實用的配方，但
是對於創作力豐盛的手作者而言，多樣的變化
不僅可以創造作品的價值，若是要當成商品，
對於購買者也更具說服力。不論是自用，或是
當作商品設計，優越且價格合理的油品是首要
的考量。依照我個人的經驗，在此提供 10 種建
議配方。

參考配方

清爽→滋潤	A		B		C		D		E	
	★	★	★★	★★	★★★	★★★	★★★★	★★★★	★★★★★	★★★★★
油品總量	1000 g		1000 g		1000 g		1000 g		1000 g	
油脂	百分比	百分比	百分比	百分比	百分比	百分比	百分比	百分比	百分比	百分比
椰子油	25%	25%	25%	25%	20%	25%	20%	20%	20%	20%
棕櫚油	30%	35%		30%	25%	10%	20%	30%	30%	20%
苦茶油					20%		30%			
橄欖油	30%	25%	30%	20%	20%	30%	15%	28%	35%	30%
乳油木果脂									15%	
白油	15%		20%			20%	15%			
酪梨油								22%		30%
米糠油				10%	15%					
澳洲堅果油 Macadamia Nut				15%		15%				
紅花籽油（高油酸 66%）		15%	25%							
	100%	100%	100%	100%	100%	100%	100%	100%	100%	100%
純水（2.3 倍）	162	162	160	162	158	161	159	159	158	158
NaOH（液鹼）	334	334	329	334	326	333	328	327	325	325
INS	158	157	144	155	142	153	147	147	151	143
臉部可用						✓	✓	✓	✓	✓
中／油性肌	✓	✓	✓	✓	✓	✓				
乾性肌					✓	✓	✓	✓	✓	✓

※依照1至5顆星的順序，5顆星為最滋潤的配方。

油脂脂肪酸含量表

	飽和脂肪						單元不飽和		多元不飽和			
	辛酸 C8:0	葵酸 C10:0	月桂酸 C12:0	肉荳蔻酸 C14:0	棕櫚酸 C16:0	硬脂酸 C18:0	棕櫚油酸 C16:1	油酸 C18:1	亞油酸 C18:2	亞麻酸 C18:3	其他脂肪酸	不皂化物含量 %
	n-Caprylic	n-decanal	Lauric acid	Myristic acid	Palmitic acid	Stearic acid	Palmitoleic acid	Oleic acid	Linoleic acid	Linolenic acid		
椰子油 Coconut oil	7.7	6.5	47	20	8.5	2.5		7	1			<0.8
棕櫚核油 Palm kernel oil	4	4	48	17.3	8	2.3		11.8	2.1			<1.0
棕櫚油 Palm oil			0.2	1.1	44	4.5		39	10			<1.0
乳油木果脂 Shea butter					4.5	40		47.5	5.5			2-11
可可脂 cocoa butter				0.1	27.5	33	0.2	35	3			<2.0
橄欖油 Olive oil					10.5	4	0.6	72	10	1		<1.5
山茶花油 Camellia oil					8.5	2	2	85	4	0.6		<1.0
甜杏仁油 Sweet almond oil					6.3	1.5		71	21			<1.5
澳洲堅果油 Macadamia nut oil					8.5	4	21	58.5	2	1.5		<0.5
榛果油 Hazelnut oil					4.6	2.5		77	12.5			<2.0
酪梨油 Avocado oil					12	0.5	6	66	12	2.5		<4.0
蓖麻油 Caster oil					2	1		7	3.6		蓖麻油酸 87-89	<1.5
芥花油 Canola oil					4	2		60	20	10	芥酸 2	<1.5
米糠油 Rice barn oil				0.3	16.5	2	0.1	41.5	37	2		<6.0
芝麻油 Sesame oil					9.5	5		39.5	43	0.1		<1.5
小麥胚芽油 Wheat germ oil					18	2.4	0.6	17	57.5			<8.0

熔點（Melting Point）是指一個油脂從固態溶化轉變成液態的溫度。以純甘油酯來說，熔點是一個明確的溫度點，而油脂是由許多甘油酯組成，各有不同的熔點，所以油脂的熔點應為一範圍值。

	飽和脂肪						單元不飽和		多元不飽和			
	辛酸 C8:0	葵酸 C10:0	月桂酸 C12:0	肉荳蔻酸 C14:0	棕櫚酸 C16:0	硬脂酸 C18:0	棕櫚油酸 C16:1	油酸 C18:1	亞油酸 C18:2	亞麻酸 C18:3	其他脂肪酸	不皂化物含量 %
	n-Caprylic	n-decanal	Lauric acid	Myristic acid	Palmitic acid	Stearic acid	Palmitoleic acid	Oleic acid	Linoleic acid	Linolenic acid		
大豆油 Soybean oil					10.4	4		23.5	53.5	8.3		<0.5
葡萄籽油 Grape seed oil					7.8	4.3		16.7	69.8	0.7		<1.5
紅花籽油 Safflower oil					6.5			15	75	0.1		<1.5
紅花籽油（高油酸）Safflower oil					6	2		76.5	14.5	0.3		
葵花油 Sunflower oil					7	4		16	70	1		<1.5
月見草油 Eve. Primrose oil					6.2	1.8		12	71	9		<1.2
玫瑰果油 Rose hip seed oil					3.8	1.7		14	44	35		
荷荷芭油 Jojoba oil				0.2	1.6		0.4	12	0.2		花生酸 68-71 芥酸 12-15	50
硬脂酸 Stearic acid						99						
蜜蠟 Bee wax					94	2						55-58
牛脂 Tallow				4	26.7	16.7	6	40	4.7			<0.5
豬脂 Lard				1.8	26.7	13.7	4.2	43.2	9	0.3		<0.5
馬脂 Horse oil				3	39	6	7	27	5	11		<0.8

油脂皂化價表

	SAP NAOH	SAP KOH	INS	熔點 ℃	碘價數值愈低 成皂愈硬	皂化價
椰子油	0.1897	0.2660	258	20-28	7-10	251-267
棕櫚核油	0.156	0.2190	227	25-30	16-19	205-235
棕櫚油 / 紅棕櫚油	0.141	0.1980	145	27-50	45-57	190-201
乳油木果脂	0.128	0.1800	116	23-35	55-71	174-186
可可脂	0.137	0.1920	157	35-39	33-42	188-202
橄欖油	0.134	0.1876	109	0-6	79-95	188-196
山茶花油 / 苦茶油	0.1362	0.1910	108	（-21）-（-15）	78-83	189-194
甜杏仁油	0.136	0.1904	97	（-21）-（-10）	93-106	188-200
澳洲堅果油	0.139	0.1950	119	―	73-79	190-197
榛果油	0.1355	0.1900	94		90-103	188-194
酪梨油	0.1328	0.1862	99	―	80-95	192-197
蓖麻油	0.1283	0.1800	95	（-18）-（-10）	82-90	177-187
芥花油 / 油菜籽油 （新種）	0.133	0.1870	56	（-12）- 0	―	―
米糠油	0.128	0.1792	70	（-10）-（-5）	105-115	176-189
芝麻油	0.133	0.1862	81	（-6）-（-3）	105-115	185-194

	SAP NAOH	SAP KOH	INS	熔點 °C	碘價數值愈低成皂愈硬	皂化價
小麥胚芽油	0.131	0.1834	58	—	125-135	180-189
大豆油	0.135	0.1890	61	（-8）-（-7）	124-132	187-192
葡萄籽油	0.1263	0.1771	66	（-24）-（-10）	125-142	178-180
紅花籽油	0.136	0.1904	47	—	130-150	186-194
葵花油	0.134	0.1876	63	（-18）-（-16）	119-138	185-190
月見草油	0.1355	0.1900	30	—	150-170	188-193
玫瑰果油	0.1376	0.1930	16	—	180-190	190-196
荷荷芭油	0.069	0.0966	11	—	80-85	95-97
硬脂酸	0.1522	0.2135	—	70	—	203-236
蜜蠟	0.069	0.0966	84	61-66	4-14	80-103
牛脂	0.1616	0.2266	191	44-50	25-56	195-198
豬脂	0.1378	0.1932	139	28-48	34-43	190-196
馬脂	0.1426	0.2000	111	29-50	86	197
白油	0.136	0.1904	115	—	90-95	188-195
回收油	0.14	0.1974	—	—	—	194-201

注: 熔點（Melting Point）——是指一個油脂從固態溶化，轉變成液態的溫度。就純甘油酯而言，熔點是一個明確的溫度點，而油脂是由許多甘油酯組成，各有不同的熔點，故油脂的熔點應為一範圍值。

★ · A 組配方

（依照☆→☆☆☆☆☆的順序，為清爽→滋潤）

油脂	百分比	油脂重量(g)	油脂	百分比	油脂重量(g)
椰子油	25%	250	椰子油	25%	250
棕櫚油	30%	300	棕櫚油	35%	350
橄欖油	30%	300	橄欖油	25%	250
白油	15%	150	紅花籽油	15%	150
總油量	100%	1000	總油量	100%	1000
水 2.3 倍		162	水 2.3 倍		162
NaOH（液鹼）		334	NaOH（液鹼）		334
INS 值		158	INS 值		157

★★ · B組配方

（依照☆→☆☆☆☆☆的順序，為清爽→滋潤）

油脂	百分比	油脂重量(g)
椰子油	25%	250
橄欖油	30%	300
白油	20%	200
紅花籽油	25%	250
總油量	100%	1000
水 2.3 倍		160
NaOH（液鹼）		329
INS 值		144

油脂	百分比	油脂重量(g)
椰子油	25%	250
棕櫚油	30%	300
橄欖油	20%	200
米糠油	10%	100
澳洲堅果油	15%	150
總油量	100%	1000
水 2.3 倍		162
NaOH（液鹼）		334
INS 值		155

★★★ · C組配方

（依照☆→☆☆☆☆☆的順序，為清爽→滋潤）

油脂	百分比	油脂重量(g)	油脂	百分比	油脂重量(g)
椰子油	20%	200	椰子油	25%	250
棕櫚油	25%	250	棕櫚油	10%	100
苦茶油	20%	200	橄欖油	30%	300
橄欖油	20%	200	白油	20%	200
米糠油	15%	150	澳洲堅果油	15%	150
總油量	100%	1000	總油量	100%	1000
水 2.3 倍		158	水 2.3 倍		161
NaOH（液鹼）		326	NaOH（液鹼）		333
INS 值		142	INS 值		153

★★★★ · D組配方

（依照☆→☆☆☆☆☆的順序，為清爽→滋潤）

油脂	百分比	油脂重量 (g)
椰子油	20%	200
棕櫚油	20%	200
苦茶油	30%	300
橄欖油	15%	150
白油	15%	150
總油量	100%	1000
水 2.3 倍		159
NaOH（液鹼）		328
INS 值		147

油脂	百分比	油脂重量 (g)
椰子油	20%	200
棕櫚油	30%	300
橄欖油	28%	280
酪梨油	22%	220
總油量	100%	1000
水 2.3 倍		159
NaOH（液鹼）		327
INS 值		147

★★★★★ · E組配方

（依照☆→☆☆☆☆☆的順序，為清爽→滋潤）

油脂	百分比	油脂重量 (g)	油脂	百分比	油脂重量 (g)
椰子油	20%	200	椰子油	20%	200
棕櫚油	30%	300	棕櫚油	20%	200
橄欖油	35%	350	橄欖油	30%	300
乳油木果脂	15%	150	酪梨油	30%	300
總油量	100%	1000	總油量	100%	1000
水 2.3 倍		158	水 2.3 倍		158
NaOH（液鹼）		325	NaOH（液鹼）		325
INS 值		151	INS 值		143

Q&A

Q 高價位的油品，就能作出高品質的手工皂？

A 有許多人認為，只要將食用等級高的或是化妝品用油或按摩用油加在皂中，就可以作出高品質的皂。

舉例來說，在作皂中很受歡迎的「食用甜杏仁油」，它的脂肪酸組成：油酸（oleic acid）71％、亞麻油酸（linoleic acid）21％。但是，若以「80％的橄欖油＋20％的葡萄籽油」比例進行調配，它的脂肪酸組成幾乎和甜杏仁油一樣。作出來的皂，不論是性質或使用感，幾乎無法分辨。

由於高價位的油產量少，精製上又花時間，所以才比較貴。實際上，就算不使用高價位的油也作做出效果相當的皂。從另一方面來看，就算使用了高級油，如果油品比例沒調好也是浪費。所以寫配方時，得先看看脂肪酸組成對自己的需求是否理想。

Q 將植物花草加入皂中，有沒有特別的效果？

A 許多人非常喜愛草本花草皂，認為天然的功效最符合自然，但其實不管是加入植物粉末或花草煮液作成的花草皂，由於所含的花草成分太低，幾乎無法發揮花草的真正功效。

Q 乳皂（母乳／牛乳），真的對肌膚比較好嗎？

A 以乳品來保養的例子古今中外皆有，僅聽名稱就覺得似乎對肌膚很有幫助，而大部分 DIY 者最想獲得的不外乎是乳脂肪＆乳蛋白的滋養。

先從乳蛋白談起，作皂中所使用的氫氧化鈉 NaOH 的「強鹼性」會讓「蛋白質」變質（灼傷）。而母乳或牛乳的成分含大量蛋白質，接觸到 NaOH 瞬間就會變質，繼而發熱＆結塊，且散發出蛋白質被分解後的阿摩尼亞的氣味。蛋白質受到酸、鹼、尿素、有機溶媒、重金屬、熱、紫外光及 X- 射現等物理或化學的破壞後，引起蛋白質分子結構的改變＆使生理活性消失，稱為變性作用。牛奶浴或取蛋白來敷臉＆頭髮確實對肌膚很好，但是因 NaOH 而變質的蛋白質就像是「水煮蛋」一樣，對於肌膚及頭髮是否真的有幫助，則是值得探討的。再者，即使未變性，蛋白質仍是一種複雜的大分子；分子量在一萬到幾百萬之間，而太大的分子是很難經由皮膚吸收的。

我們寄予厚望的乳脂肪在乳類液體中僅占 3％至 5％（母乳、牛乳、羊乳皆同），而且有可能在皂化過程中變成肥皂，能留下且達到滋潤的油脂比例實在微乎其

微。

那麼，為何大家如此崇尚母乳皂且蔚為風潮呢？作者這麼多年的觀察，有如下所感：

1. **情感投射①**──就算自己不會作皂，也能付出一份最珍貴的心意給自己最寵愛的寶貝及自己。
2. **情感投射②**──以乳品來保養能有乳一般的膚質是自古皆然的道理。
3. **配方用心**──既然要作用心獨特的皂，配方匠心獨具，結果自然好用。
4. **添加物的副作用**──蛋白質的乳化作用會提高皂化程度，使皂的保存狀態良好，泡沫細緻且有乳霜般的洗感。

就清潔方面而言，雖然沒有達到滋潤的效果，但是心理層面的滿足倒是無可取代。若要說手工皂有療癒的能力，那就是這樣的代用心理得到補償吧！

 ## 該選用何種等級的橄欖油來作皂？

橄欖油皂可以說是手工皂中的人氣用油。有很多的材料供應商會將油品作出等級上的分類。原則上，我認為廠商區分「皂用植物油 · 食用植物油 · SPA 級植物油」，這樣的分類是符合成本且功能明確的。買者購買之前須先確認自己的用途，作皂用油只需考量脂肪酸，所以不需要購買昂貴的高級用油（橄欖渣油就非常適合作成洗感溫和且透明感優良的液態皂）；若是想要一兼二顧，想要家裡可食用，不造成浪費，就買食用級的油；若是芳療師，因為按摩的吸收體面積較大，油品的有機或營養成分非得注重，那就買 SPA 級用油。所以並非被分等為皂用級就是較低等的，只是需求各異；說真的，那些高貴用油拿來作皂真是浪費，既無法被皮膚確實吸收，成皂的洗感也沒有明顯的差異，實在不需陷在「高級用油」的迷思裡。只要大家深思廠商分級的用意，就可以買到優惠又實用的產品！

 ## 作皂的水應該用什麼水？

一般而言，製作手工皂的水，最好使用純水（蒸餾水）。那麼，使用礦泉水或是山泉水好嗎？

答案是：最好不要比較好！

礦泉水會讓人覺得好喝，是因為含有微量的礦物成分，這之中有銅、錳、鐵、鉻……等金屬，就算量不多，但也足以成為觸媒而促進油脂的氧化。如果使用好喝的水作皂，成皂也會相對的比較容易氧化。

Q 過期的油脂或回收油（環保油）作的皂適合洗身體嗎？

A 常聽到「使用家庭回收油作皂，可以不浪費，且能作出環保又對肌膚很溫和的皂」。但研究顯示，氧化的油中若含有過氧化脂質，塗到皮膚上時很容易引起發炎或色素沉澱。

此外，家庭回收油的原料油大多為芥花油、大豆油、紅花油、玉米油等，這些油都不容易凝固，而且碰到水後溶化得很快，所以回收油皂最好作成液體皂拿來洗碗、洗浴室等比較不會有問題。

至於過期的油脂若是已經嚴重氧化，或已經產生嚴重油耗味的回收油則不建議作皂。即使不是當作身體沐浴用，但是嚴重的油耗味還是會殘留在清洗的物品上，這樣反而污染了物品。若是未產生氧化，依舊可以作成沐浴皂，但是皂中多少還是會殘留未皂化的油脂，所以保存期限就不如新鮮油脂所作的皂，此類的皂請儘快使用完畢。

Q 可以全程以電動攪拌棒來打皂嗎？

A 攪拌是為了增加油脂與鹼水的碰撞以期產生反應，徒手攪拌本就動能不足，要讓皂化反應發生是較辛苦的。以工具輔助不是壞事，只是打的量不多時，機器容易造成噴濺及氣泡，需注意安全維護；至於氣泡只是外觀問題，並不影響皂的質地。

Q 溶氫氧化鈉時最上方浮起的一層白色物質是什麼？是否要撈起？

A 氫氧化鈉遇水產生水解，水中的鈉離子遇見空氣中的二氧化碳產生反應形成碳酸鈉（俗稱：蘇打）， 無需撈起。

Q 皂一定要保溫嗎？要保溫多久？母乳皂為何不用保溫？

A 皂糊入模之後，皂化仍會持續進行。因為皂化是一種放熱反應，入模前的皂糊溫度若是超過 50℃，此時皂體溫度會在短時間內升高至大約 70℃。若是入模前的溫度是在 40℃ 以下，入模後依舊會再升溫，此狀況顯示皂化在此時開始發生劇烈反應。保溫可以持續高溫的時間，幫助反應較為完全，進而減少白粉的發生。同時，皂結晶漸漸形成，再加上高溫，水分就會被排出。為防止水分流失太快，造成成品外觀龜裂，保溫的容器應該和模具的大小接近，太大的容器會使溫度 &

水分都容易散失。

高溫會留存多久則視製作的量而定，1 至 2 公斤的皂量大約 8 小時後溫度會逐漸降下，但若是大量製作，反應時間較長，結晶時間也需要較長，經常在 24 小時後摸起來還是溫溫的。這時請延長保溫時間，不要太早脫模，以確保外觀的完整。

母乳的反應已經在另一則問題中探討，而保溫是為了幫助提高皂化反應，沒有任何配方需要例外。

Q 保溫後，有的皂會大量積水，該如何處理？是否會影響皂的品質？製作流程可以如何調整來避免此狀況？

A 皂結晶形成時，再加上高溫，配方中的水分會被排出，水分若無處可去就會回到皂模裡，所以在將模器放進保溫箱之前請在周圍以紙巾或報紙包住幫助吸水。沒吸除水氣也不影響皂的形成，只是周邊會產生水漬紋，外觀較不討喜。

Q 晾皂時間需要多久？如何確定是否晾皂完成？每一種皂都是相同的晾皂時間嗎？若成皂的 pH 值已降至 8-9，這塊皂是否就能使用而無需晾皂？

A 每款皂依配方用油的不同，皂化時間也會有些許差異；但不論何種配方，大致上 10 天內都可以從 pH11-12 降至可以使用的 pH8-10，之後反應會漸漸趨緩，但不會低於 pH8。此時的酸鹼值就是可以使用的範圍了！所以晾皂的一個主要目的是為了等待 pH 值的降低（稱為：熟成期）。

晾皂的另一個目的則是讓皂中的水分蒸發。若成皂的含水量太高，使用時容易溶化軟爛＆氧化酸敗，所以需要蒸發皂中的水分。台灣四季的濕度變化大，氣候潮濕的季節需要除濕機或冷氣機的輔助，而就算是較為乾爽的秋季，氣溫仍高，也不是適合晾皂的環境。以作者而言，晾皂時是一年四季以除濕機伺候的，稱之為「皂寶寶」也算是名符其實了！

製於晾皂多久，則取決於皂的乾燥程度。製作者可以每批取一樣品，從脫模時開始秤重，大約減少總重的 15% 重量後即可包裝收藏。

Q 晾皂時出現水珠，該怎麼辦？是否會影響皂的品質？

A 因為皂中的甘油有吸水的特性，晾皂環境若是太過潮濕，皂的表面便會受潮，嚴重時甚至出現水珠。 水會催化氧化反應的發生，致使肥皂中的油脂酸敗，那就

不能用囉！所以乾燥的晾皂環境十分重要，一旦出水要盡快擦乾，保持皂體乾燥。

Q 果凍化的皂較好？

A 在手工皂界中，有些人會說「有果凍化的皂比較好」（字面上就是「看起來像果凍」的意思）。手工皂會變成果凍一般嗎？有些人所說的「果凍化」是指手工皂在 trace 後，如果保溫時的溫度條件好，會形成半透明的皂，就是好皂。

其實這僅是因為溫度條件好，皂化反應進行很順利，而使皂順利結晶化進而變得透明。這只是一種皂的狀態，並不會使洗感更好。

Q 何謂皂化不完全？產生厚厚的白粉的原因？該如何避免？若產生了白粉可否使用？

A 寫配方之初雖都經過計算，量測好多少油脂量放多少鹼，但是實際狀況是這兩者是很難溶合的。所以雖經過了我們的努力攪拌，依舊會有不發生反應的殘留脂肪及殘留鹼。此時不反應的比例若是太高，就稱為「皂化不完全」。過多的殘留鹼會形成刺激較強的肥皂，過多的油脂也會使得肥皂容易氧化酸敗，所以是一顆不適合使用且失敗的成品。

此現象通常在 trace 不夠濃稠就入模時容易發生。因為不靠攪拌，若只靠皂液自己合成反應，就容易反應不足。另一個容易發生的狀況是硬油先不溶解，只靠打散的方式入皂；此時只靠皂化反應的溫度無法溶解大量高熔點油脂，而造成殘留現象發生。

大量白粉（鬆糕）的發生就是因為皂化不完全＆無法結晶產生的分離現象，是已經失敗的成品，無法使用。

Q 起油斑的皂還能使用嗎？

A 肥皂中常常殘留未皂化的游離脂肪酸，所以跟油脂一樣會面臨酸敗的問題。酸敗的油脂會在肥皂上出現出油、黃斑的現象，且會出現難聞的油耗味。氧化的油脂含有過氧化脂質，用於清洗皮膚很容易引起發炎或色素沉澱，所以請不要使用起油斑的皂。

❓ 手工皂中含大量的甘油，所以保濕力很強？

A 市面上大多數的手工皂書或介紹手工皂的網頁，總是提到：手工皂中含有一般市售香皂中所沒有大量的甘油，所以相較起來有較高的保濕力。

乍聽之下是很有說服力的說明，但仔細想想就會產生疑問。

1. 甘油有易溶於水中的性質，那麼用手工皂洗臉，在沖水的時候不就全部都被水沖掉了？

2. 手工皂中的透明 MP 皂為了製作成透明的型態而在製程中加入了很多甘油，所以又稱為甘油皂基，但是用來洗臉卻沒有手工皂般的保濕感受。

其實，手工皂所擁有的保濕能力是因為超脂殘留在皂中，在洗臉後，那些油脂會覆蓋在皮膚上的緣故。此外，因為甘油與油脂適量殘留（超脂），所以洗淨能力會比一般的皂來得弱，不會過度去除皮膚上的油脂，這也是會感覺很有保溼力的原因。

❓ 弱鹼的皂會傷害皮膚嗎？

A 皂化是一種弱酸（脂肪酸）／強鹼（氫氧化鈉 or 鉀）的反應，所以完成品會呈現弱鹼。就算抽掉多餘的鹼或是進行超脂，皂本身還是呈現弱鹼。無庸置疑，弱鹼的刺激性相較於中性或弱酸性（接近皮膚酸鹼值）的清潔劑本來就較強，但還不至於傷害皮膚；但若皮膚正在出現問題使膚質脆弱，請先不要使用肥皂，應先接受治療，待恢復健康膚質再使用肥皂。

坊間出現了太多手工皂療癒的故事，致使手工皂 DIY 者只願相信其優點，不太願意承認其缺點。不過，此缺點也不算是大缺點；雖然比較刺激，但是不殘留及滋潤的特性還是優於市售的中性清潔劑。

（總結：較刺激 · 天然不殘留 · 滋潤 --> 端看使用者的第一考量是哪一個囉！）

❓ 如何延長手工皂的保存期限？

A
1. 從配方起就要選用新鮮且氧化安定性優異的油脂。
2. 打皂時請打至濃稠再入模，以避免皂化不完全發生。
3. 避免添加容易導致氧化發生的添加物，EX：色料、酸性溶液……。
4. 包裝上盡量選擇能隔絕氧氣接觸的方式。
5. 保存環境需乾燥且陰涼（或低溫）。

Part4
手工皂&香氣

調香 香水、香料與香精

人類使用香水的歷史可能與人類的「文明」一樣的久遠，從西元前的「埃及豔后」克麗奧佩特拉（Cleopatra）（喜用香油）、十四世紀匈牙利的伊莉莎白皇后（著名的匈牙利水）、十六世紀法國的凱薩琳皇后、十八世紀拿破崙的妻子約瑟芬（偏愛麝香）……隨著時代變遷，對於香氣的喜好卻不曾改變與間斷，因而促成了香水工藝的發展與水準的提升。最初，香氣的來源有動物香（麝香、龍涎香……）及植物香，植物原精或精油的萃取是為了香水工藝的運用，但是由於香氣植物所能萃取的數量極為稀少且珍貴，因此漸漸地發展出人工合成的香料，例如：香草素（又稱香草醛）、香豆素……演變至今，目前慣用的香水則是天然香料及合成香料交互調製而成。

除了香水，香料也廣泛運用於化妝品、清潔劑、食品、飲料及菸酒工業上，不過需要先將香料經過調香的過程製成香精，再作添加運用。因此在了解調香之前，我們先要了解什麼是香料。

Plus

小叮嚀

調配香水時是將一些人工合成的香精，或精油、酊劑加入酒精或醇類裡，而這些溶劑都會影響皂化的結晶狀態，使皂加速trace或無法凝固，所以作皂時不可加入香水來賦香。

香料分類

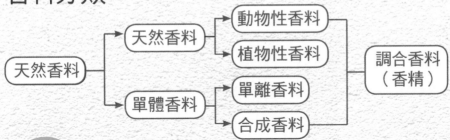

動物性香料、靈貓香、海狸香、麝鼠香、龍涎香（大部分是酊劑的型式，
調香時用於定香。）

植物性香料、凝香體、原精、精油、樹脂質（不同的植物或香料需求，使用不
同的萃取方法。需要濃厚的香味時大多選擇原精，樹脂質則大多
用於定香。）

單離香料、從天然香料中，以物理或化學的方法分離出的一種或數種化合物，
通常都是該精油的主要成分，且具有所代表的香味。若針對單離香
料進行結構改變或修飾，可製得價質更高或更新穎的香料化合物。

合成香料、是指利用各種化工原料或單離香料為原料，通過各式合成化學反
應的方法而製成的化學結構分明的單體香料，目前品種不斷增加，
已成為香料工業的主導，如：香葉醇、檸檬醛、香蘭素、紫羅蘭
酮……

而「香精」則是將數種或數十種香料（包含上述四大類），按一定的配
比＆加入順序調合而成。

香料　→　香精　→　香水
不同香料比例　　水及酒精
調成　　　　　　稀釋

植物性香料（精油篇）・取悅你的感官

　　近些年來，全球掀起自然養生＆美容的風尚，在回歸自然的風潮下，芳香療法順應時勢成為美容護膚的新寵。芳香療法是一種應用植物精油的藝術與科學，是一種全方位的輔助醫療方式，它重視的不只是生理徵狀，在治療的同時也會考量心理狀態。也就是說，把個人的飲食、生活形態、人際關係、生理和心理上各層面的因素都納入了考量。

　　顧名思義，芳香療法是以芳香植物為主，應用植物的精油以增進身心保健的一門學問。隨著市場逐漸成熟，精油廣泛出現在市面上；但是，由於精油的知識普遍不足，精油的使用均偏於聞香（限於知識及習慣）。其實在芳香療法中，最常用來促使人體吸收精油的方式有嗅聞、按摩、塗抹、敷貼及沐浴法。因為精油分子相當細微，極容易被人體吸收，若能有系統的應用具揮發性的精油，以全方位的方式增進健康＆剋制疾病，對因壓力而造成的毛病特別有效。事實證明植物精油對增進和維持身心健康及活力具有相當療效，因此芳香療法是理想的「自我保健」方法，它不但運用方便而且總是令人感到歡欣愉悅。無論你是以泡澡、沐浴、按摩、塗抹、敷貼、嗅聞方式使用，都能幫助自己增加抵抗力，維持健康與平衡。

　　對於自我保健的個人使用者而言，若能參照建議指示來選用精油，並依正確指示使用，精油將不會產生不良的副作用，而能達到預防疾病、保健身心的功效；並且，你將不難發現哪些精油是最適合自己的，即使只因單純喜歡某種精油的芳香也能指引您找到合適的精油。

何謂精油 精油是芳香植物透過蒸餾法的程序所萃取出來的高濃縮物質，具有強烈氣味，且具高度揮發性，極易在空氣中揮發。這些高濃度的精質存在於植物的葉片、根、莖、木心、樹皮、花朵、果皮、種籽、樹脂中，透過蒸餾法萃取出來後才稱為精油。精油的種類很多，性質各異，療效也各不相同，因此在選擇精油之前，要對各種精油有個概括的了解。

精油可以經由皮膚及嗅聞進入人體，精油除了易於被皮膚吸收，當我們以按摩、泡澡、敷貼或塗抹等方式運用精油時，精油的芳香分子也同時以嗅聞的方式進入人體。香氣本身對心理有種微妙的影響力，經由心理的變化又可增進生理的健康，此外一些精油分子在吸入時會經由肺部進入血液循環中直接影響身體，一旦精油經由嗅覺作用及皮膚吸收進入身體中，它將迅速地作用於功能不良或失去平衡的器官及系統上，使其恢復生機、融洽協調。

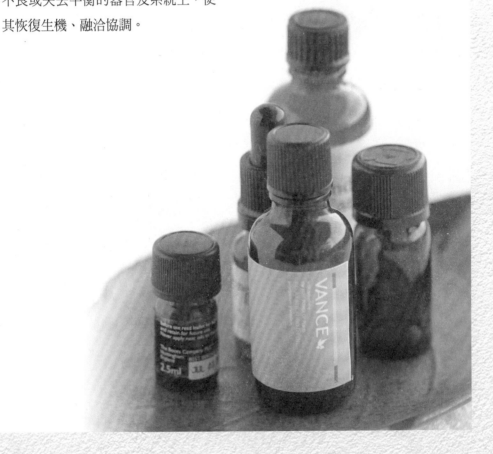

認識各種精油之後，就依照需要及喜好選用吧！一般可從三方面考量：一是需要，二是味道的喜好，三是價格。依各人需求的不同，經常失眠的人和經常頭痛的人所需的精油就不一樣；而且，有人喜歡薄荷清涼的氣味，有人偏好檀香木的幽香，有人對茉莉的淡雅情有獨鍾。當然，價格也是選購時需要考慮的，精油價格的高低是依其純度及萃取的難易度而異，純度高、難萃取的精油自然就比較貴。而光以嗅覺感官來評價精油的品質，所取得的判斷資訊是很有限的，因此最好從值得信賴的供應商或代理商那兒取貨。

鼻聞的評估方式，通常可能是消費者用來判別品質的唯一方法，因為消費者無法取得極其昂貴精密的儀器來作全面分析。這個時候，熟悉以嗅覺感官來品味純正精油＆認識精油的特性、性質，就變得很重要了！

精油容易溶於油脂（如橄欖油、葵花油、荷荷芭油、甜杏仁油、酪梨油等）及醇類中，它們不溶於水，絕大多數會懸浮於水上，只有少數比重較大的會沉於水下。事實上，我們所說的精油並不油膩，不會像油脂一般在紙上留下油印，大部分是無色或淡黃色。精油屬於珍貴濃純物質，是身心保養保健的天然有效用品，來源不易，價位不低，適當的保護儲存以減少氧化或變質，確保使用期間良好的品質與效果是相當重要的。容器材質必須不會和精油起物理化學變化，零售、少量、個人用的包裝採深色玻璃最佳，且必須避免陽光照射，儲存在陰涼乾燥處。一般精油如果存放妥善，亦即以深色玻璃瓶裝置於乾燥陰暗的地方，並且在未拆封的原裝狀況下，可以存放長達六年。如果已經拆封了，視情況不同大約可保存三年。但一般個人用的小量瓶裝，可能不到半年就使用完了，根本不需憂心保存期限。

Plus

小叮嚀

精油不能口服，除非在正式合格的芳香療法師或執業醫師的處方允許下才使用口服法。

選購個人保健用的濃純精油時，建議一次量不要買太多，在 10ml 以內即可。因為縱使存放妥善，當時常打開使用，蓋子一打開，精油多少就會揮發掉一些，使空氣跑進容器內，多少會引起氧化作用；因此考量使用品質，選購適量即可。如果買量大有價格優待，最好也自行分裝到小瓶中，例如一次購

入 100ml 的薰衣草油時，不妨分裝成三瓶並做好標示，這樣精油接觸空氣的機會就能減少許多，亦較不會起氧化作用。

注意事項

純植物精油是高濃縮物質，具強烈特性，一般不建議直接塗抹在肌膚上，除了緊急狀況下之灼傷、蟲咬、叮咬、刀傷、擦傷可使用一至二滴薰衣草或茶樹精油於傷口上，在大多數狀況下須先用媒介植物油稀釋後再擦到皮膚上；若未經稀釋而長期使用，恐會有潛伏性的不良影響，或立即造成皮膚或其他器官的過敏，反而得不償失，誤了精油的治療美意，此點不可不慎！如果未稀釋的精油接觸到皮膚，在皮膚表面沒有任何傷口的情況下應該沒有什麼大礙，只要以手工皂和清水洗去即可；但若不小心揉進眼睛，會給眼睛帶來相當大的刺激與痛苦，應馬上以大量清水沖洗，直至痛楚減輕為止，如果疼痛一直未紓解則應立即求醫。

擴香運用

如前所提，植物精油天然無副作用的特性對居家日常保健最為合適，我們可依各種精油的性質功效，善用於美容、急救、醫療、除蟲、清潔、營造氣氛、增加香味、甚至情緒心境等各個層面，其中無窮的變化端看如何巧妙運用。

在居家生活裡運用精油營造氣氛就好比室內布置一般，只是它不像牆上的粉刷、壁上的飾品、櫥櫃的擺設一樣可以清楚看見，它是一種別緻的香味布置，看不見但同樣能夠取悅你的感官。運用芳香精油除了能獲得心靈情緒的助益之外，還有個一舉兩得的好處：順便清除空氣中的病菌。而要使空氣中瀰漫精油的氣味，創造香氛達到各種效果，就必須藉助擴香儀、噴霧器。擴香不但可消除房間的異味，像是菸味、油煙味、霉味，使空氣清新，還有平衡情緒的功效；開會時、熬夜工作時、感覺心智疲憊或心力交瘁時，選擇有放鬆精神、舒緩壓力或提神醒腦效用的精油，以擴香的方式使精油揮發於空氣中，就能創造令人愉快舒適的氣氛。

精油的媒介質 精油是植物的濃縮精華，除緊急狀況的處置外，不可未經稀釋就直接使用於皮膚上，而媒介質的作用就是為稀釋精油。媒介質的種類如下：

- 基底油：甜杏仁油、荷荷芭油、葡萄籽油、玫瑰果油
- 酒精
- 無香乳液及乳霜
- 固態或液態手工皂

精油安全劑量

	狀態	比例
一般成人	治療	5%
	保養	2% 至 3%
	臉部	1% 至 1.5%
	敏感性肌膚	0.5% 至 1%
	坐浴	0.5%
	孕婦	0.5% 至 1%（勿以聖約翰草油＆月見草油稀釋按摩）
	哺乳	0.5%（慎選精油，使用純露較適宜）
體弱者及老人	治療	3%
	保養	1.5%
兒童	6 至 12 歲	0.5% 至 1%
	2 至 5 歲	0.5%
嬰幼兒	2 歲以下	不適合使用精油

精油劑量的計算

1ml ＝ 20 滴

試算：30ml（按摩油）× 3%（精油比例）＝ 0.9ml（精油 ml 數）

20 滴 ×0.9（精油 ml 數）＝ 18 滴（調配 3% 精油的按摩油時，應滴入 18 滴精油）

※30ml 按摩油約可完成一位成人的全身指壓。

精油
萃取方式

●蒸餾法（Distillation）

　　在精油萃取法中，以蒸餾法萃取的精油種類最多。精油產量通常占植材的
0.0005% 至 10%，植材進行蒸餾之前都需要先經過處理。一般而言，葉子、花
朵等較柔軟的植物不需事前處理，而木材、樹皮、種籽及根部等較堅硬的部
分要先經過切割或磨碎的處理，來幫助精油的釋放。

蒸氣蒸餾裝置

水相蒸餾裝置

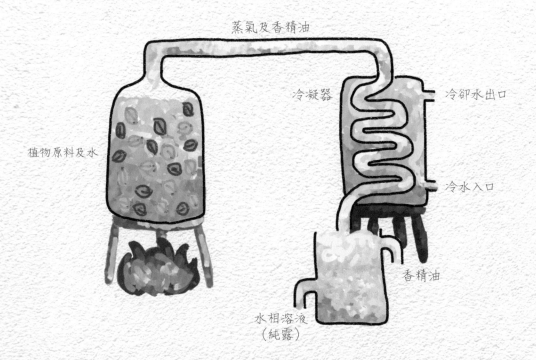

蒸氣及香精油

冷凝器

冷卻水出口

植物原料及水

冷水入口

香精油

水相溶液
（純露）

●壓榨法（Expression）

　　壓榨法萃取的精油以柑橘類較多，將果皮在冷溫的條件下使用壓榨機，施以機械式的方法利用尖刺的突起物刺傷果皮外層，使其中的油囊破裂，釋放出精油，然後以噴淋的水將精油帶出。分出的油水混合物經澄清、分離、過濾，最後經高速離心機將精油分出。萃取出來的精油還保留著其存在於果皮中的狀態，可以說是最「純正」的精油型態。萃取時不需要使用熱源，因此不揮發的蠟質通常也會出現在精油中，使得萃取出來的精油保存期限相當短，所以部分廠商會添加抗氧化劑，即便如此還是會在 6 至 9 個月之間出現氧化變質的現象。

　　由於此類精油的來源較為豐富，取得方式也較為方便，因此精油價格較便宜。

●脂吸法（Enfleurage）

　　此法在機械工業尚未發達前曾大量運用在香水工業，是一種古老的精油萃取方式，特別是萃取一些花瓣脆弱的植物精油（例如：玫瑰、茉莉、橙花等）。吸飽植物精華的脂肪稱為「香脂」，自古以來就被用於高級香水與化妝品的製造；而以「香脂」再次萃取出來的物質不稱為「精油」，稱為「原精」，既費時又費工，價格非常昂貴，目前已無量產。

脂吸法簡圖

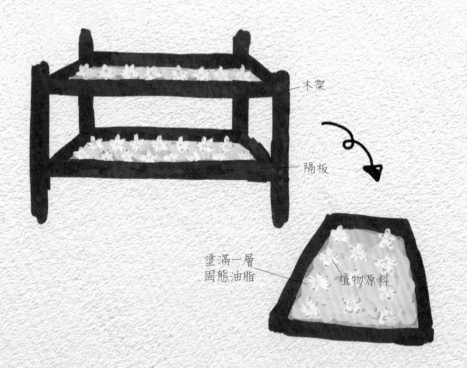

木架

隔板

塗滿一層
固態油脂

植物原料

●溶劑萃取法（Solvent Extraction）

　　此法是替代脂吸法的現代萃取法，用於取得植物的芳香。大多使用於萃取珍貴花材，所得產品不稱為「精油」而是「凝香體、香精、樹脂質」。花材經溶劑浸泡再經低溫蒸餾所得到的半固體物質，即稱為「凝香體」（concrete）。將「凝香體」溶解在酒精中，然後在減壓的環境下將酒精蒸發掉，最後得到的物質即為「原精」（absolute）。而將樹脂以溶劑萃取法取得的，稱為「樹脂質」（resinoids），如安息香。

　　此法所得產品的香氣非常優質，近如植物本體的香氣，所以大多被用於香水工業。但萃取過程中滲有化工溶劑，如：石油醚、丁烷、己烷、苯或乙醇，所以產品中仍含有微量的溶劑，有鑑於此，芳香治療並不建議使用此類精油。

溶劑萃取法簡圖

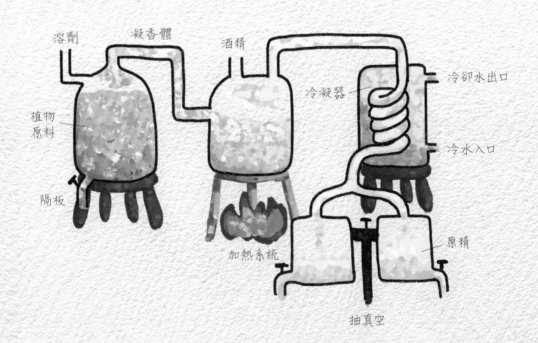

常見精油
特性&功效

雪松 Cedarwood

北非雪松

大西洋雪松（Cedrus Atlantica）‧ 松科，產於大西洋摩洛哥，又稱為「香柏」或「銀（白）雪松」，其堅硬的質材具有防腐、驅蟲及不易受潮的特質，是古埃及時代使用最頻繁的木種。因為味道醇厚持久，木心的甜味厚實，後味散發出檀香般的香醇，是所有雪松精油中的極品。

●常用功效

因為它有「乾化」的效果，所以具有止咳化痰的特性，非常適合緩解呼吸道的問題，能改善支氣管炎、咳嗽、流鼻水等狀況。它收斂、抗菌的特性最有利於油性膚質，也能改善面皰和粉刺皮膚；對生殖、泌尿系統的療效也很重要，像膀胱炎，及陰道炎，也都能有所助益。除此之外，還是絕佳的護髮劑，可有效對抗頭皮的皮脂漏與頭皮屑。

維吉尼亞雪松

柏科，產於北美，又稱「鉛筆柏」或「紅雪松」，外形及味道比較接近絲柏精油、冷杉精油的松木味。

●常用功效

較常用於抗菌、抗呼吸道感染、抗黏膜感染，有收斂抑菌抗感染的功效。高濃度精油可能會刺激皮膚，最好不要在懷孕期間使用。

洋甘菊 Chamomile

　　芳香療法中常用的洋甘菊精油有兩種，一是菊科・母菊屬的「德國洋甘菊」，另一是菊科・黃春菊屬的「羅馬洋甘菊」。這兩種小雛菊植物外觀十分相似，都有黃色的花心＆白色的花瓣，但是精油的色澤、氣味與成分卻是截然不同。

德國洋甘菊精油

　　主要且重要的成分是「天藍烴」，天藍烴使精油呈現深藍色，所以德國洋甘菊精油又稱為德國藍甘菊；這個成分使此精油抗發炎的效果特別好，因此也適合用來治療體內或體外的發炎症狀。

針對身體內部的發炎

　　特別是消化系統疾病，例如結腸炎、胃黏膜炎和腹瀉等，都有不錯的效果。其他許多類型的隱隱作痛，例如：頭痛、牙痛、經痛、肌肉疼痛，以及關節炎、風濕症、神經痛等，亦有功效。

針對體外的發炎症狀

　　特別是過敏性皮膚疾病，例如：濕疹、蕁麻疹、所有乾躁、脫皮、發癢的皮膚等，都有不錯的效果。

羅馬洋甘菊精油

　　主要成分是具有絕佳放鬆效果的酯類，格外適用於神經系統和脆弱的皮膚，對於神經系統有舒緩、鎮靜和抗發炎的作用，也是治療失眠、焦慮和壓力的重要精油。對於面對壓力時才會產生的過敏反應，可以同時發揮生理、心理雙方面的療效。是最溫和的精油之一，非常適合兒童使用。但妊娠期的前三個月切記不可使用！

德國洋甘菊

羅馬洋甘菊

快樂鼠尾草 Clary Sage

芳香療法中,通常以快樂鼠尾草精油代替鼠尾草精油(鼠尾草:Salvia Officinalis)。由於鼠尾草含有高量的「側柏酮」,可能會造成神經毒害並導致流產,而鼠尾草精油的療效,快樂鼠尾草精油幾乎都有,因此建議使用快樂鼠尾草精油。

●常用功效

調節神經系統、鎮靜、抗抑鬱

可使人感覺到輕鬆和紓緩,可以減輕各種壓力和緊張,若以它泡澡入浴可以放鬆肌肉,同時治療因壓力引發的肌肉緊繃;部分使用者放鬆心情的同時,容易產生昏昏欲睡的感覺,號稱可以引發「幸福感」。但是它鎮靜效果強烈,甚至會使注意力難以集中,故要注意用量及使用的時機,開車前禁用,以免昏昏欲睡造成危險。

抗痙攣

有助於支氣管的放鬆,因此可以治療氣喘,能適度減輕氣喘患者的焦慮和緊張情緒,也可治療因壓力積壓過度所造成的偏頭痛。此外,消化系統的抽痛、絞痛等症狀,也可藉其得到舒緩。

平衡荷爾蒙系統

能針對腦下垂體進行整體的調節,進而平衡整個荷爾蒙系統,是子宮的良好補藥,具有調經作用,可以改善經血不足、週期不定及經前症候群的問題。但最好在經期的前半期使用,後半期使用有時會引發大量出血,懷孕時切記禁用!

促進細胞再生

尤其有利於頭皮部位的毛髮生長,同時可以降低皮脂腺的分泌,特別是頭皮部位,可治療油性髮質或頭皮屑。

丁香花苞 Clove bud

丁香花苞精油是由乾燥後的棕色丁香樹中未展開的花苞萃取所得。因為它具有皮膚刺激性，僅可少量使用（1% 以下），並添加足夠的稀釋，使用在皮膚上時要小心處理；此外，會刺激子宮收縮，懷孕期間不宜使用。

●常用功效

抗菌

丁香是屬於桃金孃科的植物，因此具有預防感染的能力，也是十分有效的抗菌劑，被使用在預防接觸傳染性的疾病上已有數千年之久，尤其是在大瘟疫流行期間。

止痛

丁香花苞精油也是很好的止痛劑，常常被用來治療牙痛，直到現在，在現代牙醫、許多牙膏及漱口水中，丁香仍被添加在其中，當作消毒或止痛劑。

屬性溫熱，有助舒緩

丁香花苞精油的溫熱特性，可以促進血液循環，有效紓解肌肉痙攣，也能紓緩消化方面的問題，如絞痛或飽脹感。

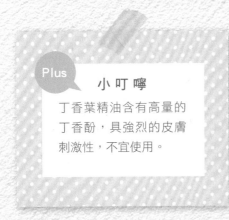

Plus 小叮嚀

丁香葉精油含有高量的丁香酚，具強烈的皮膚刺激性，不宜使用。

絲柏 Cypress

高大、帶毬果，原產於地中海地區的樹木，經常可以在塞尚和梵谷的畫中看到絲柏的蹤影。絲柏是柏科的植物，蒸餾它的葉片及毬果可得到精油，精油顏色從無色到黃色都有，且帶有清澈的木頭香。

●常用功效

收斂

絲柏有很好的收斂效果，對於過多的體液很有幫助，因此可緩解浮腫、大量出血、流鼻血、經血過多、多汗（尤其是腳汗）等情況，對蜂窩組織炎也有幫助。

調節循環系統

絲柏是循環系統的「補藥」，有收縮靜脈血管的功能，所以可改善靜脈曲張和痔瘡。絲柏對靜脈曲張的療效眾所皆知，但使用此精油按摩時必須小心，因為過度施力的按摩可能會讓患部不勝負荷。

調節生殖系統

特別是月經方面的問題，如月經前症候群、更年期的種種副作用（臉部潮紅、賀爾蒙不平衡、易怒等），可調節卵巢功能失常，對於經痛和經血過多有很好的效果。也因可調節經期，因此務必避免在懷孕期間使用！

抗痙攣

絲柏也具有抗痙攣的作用，能幫助因為感冒而帶來的咳嗽、支氣管炎、百日咳及氣喘，也可減輕的肌肉的痛性痙攣與風濕痛。

尤加利 Eucalyptus

尤加利

學名為桉樹（桉樹 globulus，或桉樹 radiata），又叫作大葉桉、桉樹，姚金孃科。葉、花、果實都帶有清香。全世界約有三百種不同的尤加利，其中約有十五種能生產有用的精油，其中最常被使用的是「藍膠尤加利（Eucalyptus globulus）」及「澳洲尤加利（Eucalyptus radiata）」，此兩種精油的成分十分類似，與茶樹精油同屬桃金孃科。而桃金孃科植物精油的重要特性，就是它們都能抗感染。

藍膠尤加利精油

●**常用功效**

最常用於感冒時的呼吸道感染，且有退燒的功用。

澳洲尤加利精油

抗病毒及抗菌功效則優於藍膠尤加利精油，尤其是針對感冒和許多流感的病毒；更重要的是澳洲尤加利精油效果溫和易於吸收，因此特別適用於幼兒。

此外，還有一種具有檸檬香味的檸檬尤加利（Eucalyptus citriodora），它的主要成分與特質與上述兩種尤加利完全不同，它也具有抗菌、抗發炎的功效，但沒有化痰和排痰的作用，主要療效在於生殖泌尿系統的發炎狀態及膀胱炎。

天竺葵 Geranium

學名為 Pelargonium graveolens，留尼旺島、阿爾及利亞、埃及和摩洛哥等地，是天竺葵精油的主要產地。以蒸氣蒸餾法蒸餾天竺葵葉子，便可得到天竺葵精油。迷人的天竺葵精油，味道與玫瑰精油相似，精油呈現淡淡的綠色，因為天竺葵葉的中性特質，使得它非常容易與其他種類的精油混合，特別是佛手柑和薰衣草。

●常用功效

調節循環系統

藉助利尿的功效可幫助肝、腎排毒。它還可以刺激淋巴系統以避免感染，排除廢物，強化循環系統，使循環更通暢。具備利尿與刺激淋巴系統這兩項特性的天竺葵精油，可用來按摩以治療蜂窩組織、體液遲滯和腳踝浮腫。

調節荷爾蒙

天竺葵精油會刺激腎上腺皮質的分泌，腎上腺皮質所分泌的荷爾蒙，可以調控和平衡其他器官分泌的荷爾蒙，包括男性＆女性荷爾蒙。因此，停經時所出現的病症與種種因荷爾蒙濃度變化所引發的問題，都能使用天竺葵精油解決。減輕經前緊張特別有效，輔以它的利尿功能，更可以幫助許多婦女減輕經前體液滯留的症狀。但也由於天竺葵本身具備的調節內分泌系統的功用，懷孕期間的女性建議暫時不要使用。

收斂＆殺菌，皮膚適應性佳

味道清香的天竺葵具有收斂和殺菌的功效，能夠平衡皮脂分泌而使皮膚飽滿，適合各種皮膚狀況（乾性、油性，甚至是混和性肌膚）的特性，對鬆垮、毛孔阻塞及油性皮膚也很好，堪稱一種全面性的潔膚油。由於天竺葵能促進血液循環，使用後會讓蒼白的皮膚較為紅潤有活力，使它成為皮膚保養品及美容

香皂等產品中的重要添加物，但不適用於新生兒細嫩的肌膚。

抗憂鬱

　　天竺葵精油具有抗憂鬱的效果，將天竺葵與佛手柑精油混用後，效果更佳。

真正薰衣草 Lavender

薰衣草為唇形花科，薰衣草屬植物，學名 Lavandula Officinalis （L'angustifolia ／ L' vera）。歐洲各地皆可見其芳蹤，以地中海沿岸的薰衣草品質最好。最佳品質的薰衣草約生長在七百至一千四百公尺高的地區，是芳香療法中用途最廣的精油之一，而且從不可考的年代起，便被應用於醫療方面。

薰衣草精油係以水蒸氣蒸餾法自薰衣草花朵中萃取而得。所有精油當中以薰衣草的用途最廣，總體而言，鎮定、撫慰、平衡是薰衣草最主要的功效。

●常用功效

鎮靜與舒緩

薰衣草精油的鎮定效果很好，具有明顯的鎮靜與舒緩功能，可以減輕頭痛的症狀，常用來輔助入眠，睡前吸聞氣味可以幫助睡眠，對失眠者有相當好的舒緩與精神撫慰作用。且薰衣草精油不同於一般的安眠類精油，不管在任何時間使用都不會造成過於鬆弛的影響，還能具有鎮定與平衡之效，提供穩定而有效率的工作情緒，對於安撫躁進或心情不穩的脾氣有相當好的效果。此外，使用薰衣草泡澡可以幫助憂鬱或焦慮症患者心緒平和，以薰衣草精油按摩太陽穴也可以舒緩某些頭痛症狀，若效果不顯著，亦可於前額或後頸冷敷薰衣草精油。

舒緩肌肉痛

舒緩肌肉痛是薰衣草另一項重要功能。作為最佳的按摩油成分之一，不論是單獨使用或混合其他（如馬鬱蘭、迷迭香等）精油，都有非常好的效果，可減輕局部疼痛，降低中樞神經系統對痛覺的敏感度。由於肌肉因素所造成的下背部疼痛（不適用脊椎異常所造成的疼痛），也可以以薰衣草精油透過泡澡或按摩來減輕運動或緊張過度所造成的肌肉痠痛。

治療感冒

　　感冒、咳嗽和流行性感冒，更可使用薰衣草精油以蒸汽吸入法，吸聞薰衣草精油的氣味以提昇療效，或將一點點純的薰衣草精油塗在頸部喉嚨部位，輕輕按摩，可以減輕咳嗽、喉嚨發癢的症狀。也可以在眉骨上和鼻翼兩側塗上一至二滴精油，以用同樣的按摩方式，可治療鼻喉黏膜炎及消除鼻塞。

殺菌、淡疤、抗發炎

　　由於殺菌、淡化疤痕和抗發炎等特性，使薰衣草精油成為非常適合治療皮膚病症的精油。可以減輕和治療昆蟲的咬傷，也可以用來治療皮膚燒、燙傷或發炎和各種創傷，還能促進傷口癒合，避免留下傷疤。特別是消炎、殺菌和止痛，堪稱薰衣草精油的著名功效，所以它是最適合治療痤瘡的精油之一。

激勵細胞再生

　　也是激勵健康新細胞生長最有效果的三種精油之一（另外兩種是橙花、茶樹）。既可提振亦可放鬆，不論是心理或身體，它都可以幫助人的身心從極端的狀態下回到平衡的狀態。

醒目薰衣草 Lavendin

　　醒目薰衣草是由真正薰衣草與穗花薰衣草混種而來，醒目薰衣草的花比真正薰衣草的花大，藍色的花朵非常鮮艷，精油則有著清新略帶樟腦氣味（來自穗花薰衣草）的味道。在人工培植技術普及之後，醒目薰衣草精油成為易於生長的經濟作物，它繁殖於海拔三百至六百公尺處，可使用機器輕鬆收成，對除蟲劑的使用適應良好，年產量高於真正薰衣草幾乎十倍，價格卻少於一半。

●常用功效

　　醒目薰衣草精油反映了其親代特質，抗菌、消炎、止痛效果明顯，用它來治療感冒、鼻喉黏膜炎、鼻竇炎和其他呼吸系統的效果很好，也很適合傷口消毒與治療。對於肌肉疼痛與肌肉僵硬也很有助益，能緩解風濕的不適和不靈活的關節。

檸檬香茅 Lemongrass

　　檸檬香茅精油的主要成分是檸檬醛，約占 70% 至 85%。印度醫學上運用檸檬香茅的歷史非常久遠，特別是用來治療傳染病或退燒。檸檬香茅有恢復活力的作用，使它成為身體的全方位補藥。除了具有調順全身系統的功效，也是強力的殺菌、驅蟲和消毒劑。稀釋過後的檸檬香茅精油，可以塗抹在太陽穴或前額按摩，紓解頭痛。也能刺激副交感神經，而副交感神經能幫助病體全癒，促進腺體分泌及激勵消化系統的肌肉，打開胃口，並幫助結腸炎、消化不良及腸胃炎。另外，還能增進哺乳母親的乳汁分泌。

●常用功效

抗菌：它強勁的抗菌能力能預防接觸性傳染疾病，對呼吸道的感染特別有用，例如喉嚨痛、喉炎與發燒。

放鬆＆緊實肌肉：因為它能消除乳酸、促進循環，對肌肉疼痛的功效絕佳，可減輕疼痛，使肌肉柔軟。對肌肉的緊實效果則能幫助因節食或缺乏運動而鬆垮的肌膚。也能在長時間站立之後，紓解疲憊的雙腿。

提振精神：它可使身體重獲活力的作用，可減輕某些時差的不適症狀，讓頭腦清醒，消除疲勞。

驅蟲：有效驅蟲，使動物身上的跳蚤、害蟲遠離。

除臭：除臭功能可讓動物保持好氣味，泡腳水中加入稀釋過後的精油（請勿超過三滴），可讓疲憊的雙足恢復精神並減輕腳汗。

調節皮膚：對毛孔粗大頗有功效。清除粉刺和平衡油性膚質的功效卓著，對香港腳及其他黴菌感染也十分有益。但也是一種較具刺激的精油，可能刺激敏感皮膚，最好以低劑量使用。

山雞椒 Litsea Cubeba ／ May Chang

　　山雞椒植物學名 Litsea cubeba，原產地中國，又名山蒼樹。山雞椒為樟科木薑子屬植物，是一種落葉灌木或小喬木。淡黃色的山雞椒精油取自它的果實，精油的香氣介於橙花和檸檬之間，是典型的「柑橘香味」香味，常會帶給人愉快的感覺。山雞椒精油的氣味清新類似柑橘，更勝於檸檬香茅精油，它的柑橘味主要來自於它檸檬醛的含量極高，喜愛柑橘氣味的人常常發現以檸檬、葡萄柚、佛手柑等精油入皂，氣味通常易揮發且不明顯，此時山雞椒精油就是另一個好選擇。

●常用功效

抗憂鬱：山雞椒精油與檸檬香茅精油的功效類似，但相較之下，山雞椒精油也是很好的抗憂鬱劑，具有提神及激勵作用。

調節皮膚：山雞椒精油具有緊實及收斂的特性，可在油性皮膚和油性髮質上發揮平衡的作用。它用於保養皮膚，不會引起過敏，殺菌力強，適合油性皮膚和一般斑點等問題，收斂的特性亦可以減輕汗液過多的毛病。

除臭：有很好的除臭效果，在室內使用可常保清香。

馬鬱蘭 Marjoram

原產於地中海沿岸地區及南歐，現在世界各地的花園都可見其蹤影，和薰衣草、迷迭香、鼠尾草一樣是屬於唇型花科的植物。蒸餾它的葉子及開花的頂端可以得到精油，剛蒸餾好的精油為黃色，經過一段時間後顏色會慢慢加深至深棕色。

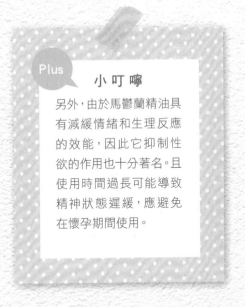

Plus 小叮嚀

另外，由於馬鬱蘭精油具有減緩情緒和生理反應的效能，因此它抑制性慾的作用也十分著名。且使用時間過長可能導致精神狀態遲緩，應避免在懷孕期間使用。

●常用功效

鎮定、安撫

馬鬱蘭精油鎮定、安撫的效果非常強，相當適合用來治療失眠症。對於神經系統的安撫效果，能舒緩焦慮、壓力、甚至深層的心理創傷，它的放鬆效果則有助於改善頭痛，偏頭痛和失眠。此外，它安撫消化系統的效果相當聞名，除了有益於胃痙攣、減輕腹絞痛、消化不良、便祕及脹氣，還可以減輕子宮肌肉的痙攣，減輕經痛。

擴張動脈、促進血液循環

馬鬱蘭精油具有擴張動脈的功用，所以可以降低高血壓及減輕心臟負擔，擴張動脈與微血管，讓血流暢通，使人感到溫暖愉悅，很適合作運動後的活絡油。且因為擴張微血管後血液較易流通，所以它能消除淤血；在促進血液循環的同時，還能紓緩風濕痛與腫大的關節，特別是治療感覺冰涼和僵硬的疼痛。

甜橙 Orange

　　只要簡單擠壓甜橙的有色外皮就可以得到橙精油。橙精油的味道溫暖圓潤，充滿愉悅的氣息，讓人聞了會感到心情愉悅。精油中似乎保留了果實成熟所必須的陽光，因此非常適合冬天使用。如果需要長期使用精油，最好每隔一段時間就更換精油種類，而橙精油很適合和薰衣草或橙花精油交替或混合使用。

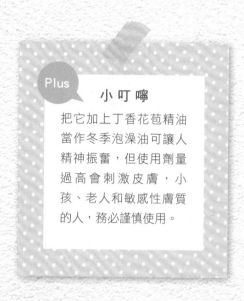

Plus

小叮嚀

把它加上丁香花苞精油當作冬季泡澡油可讓人精神振奮，但使用劑量過高會刺激皮膚，小孩、老人和敏感性膚質的人，務必謹慎使用。

●常用功效

　　橙精油的性質和橙花精油非常類似，同樣都具有抗憂鬱、抗痙攣、健胃和溫和鎮定的效果，也很適合治療失眠症。

促進消化系統

　　此外，橙精油還具有促進腸管正常蠕動的效果，可以用它來治療便祕，治療慢性腹瀉亦有卓越療效。

促進淋巴循環

　　且可促進淋巴流動，排除淋巴淤塞，幫助阻塞的皮膚排出毒素，改善橘皮組織的問題。

玫瑰草 Palmarosa

　　玫瑰草拉丁學名為 Cymbopogon martini（馬丁尼或馬丁香），屬於禾本科的植物，與岩蘭草 Vetiver（Vetiveria zizanoides）及檸檬香茅 Lemongrass（Cymbopogon citrateus）同屬。

　　很多人看到「玫瑰」二字，就會聯想到與玫瑰有關，事實上，玫瑰草除了香味與玫瑰有一丁點的近似之外，與玫瑰並沒有太多關係。嚴格來說，玫瑰草的近親反而是香茅。玫瑰草有人稱之為「馬丁香」，也有叫「棕櫚玫瑰」，或簡稱為「薑草」（因為玫瑰草帶有些許薑的味道）；玫瑰草具有甜甜的花香，略帶乾草味，散發出淡淡的玫瑰氣息，但又多了些青草的味道，在香水業中被廣泛用於與玫瑰混合。因其幾個主要成分與玫瑰相近，自古便常用來仿製混充玫瑰精油，所以又被稱為「窮人的玫瑰」。因其宜人的味道和特殊的功效，經常加入護手霜、保濕乳液和各種皮膚保養品等產品中。

●常用功效

殺菌：可治療發燒、感染，是非常有效的殺菌劑，對腸胃炎等腸管感染尤其有效。

促進消化系統：對消化系統有益，能增進食欲、減少消化不良（是消化系統的良藥，它有刺激胃口的功效，可以幫助改善神經性厭食症）。

鎮定、安撫：玫瑰草精油能舒緩疼痛、放鬆、安眠、淨化血液，是很好的按摩或泡澡油。能安撫情緒、振奮精神，很適合減輕壓力或治療與壓力有關的病症。

調節皮膚：亦可殺菌、平衡油脂、保濕、促進肌膚緊實度，可以幫助皮膚恢復保濕狀態，刺激、協助皮脂分泌的平衡，有益於乾燥的肌膚。

刺激細胞新生：與薰衣草和橙花一樣，可以刺激細胞新生；長期使用，還可以撫平皮膚上的小細紋和脖子上的皺紋。

廣藿香 Patchouli

廣藿香精油獨特的氣味非常不易描述，也因此引發了兩極的反應，有人難以接受那泥土般的腐味，有人卻深愛那帶甜的木質味，可見氣味是完全沒有好壞標準的。廣藿香精油是濃稠的深褐色液體，是屬於越陳越香的精油，置放時間越久，氣味越是溫純馥郁。若在複方精油中加0.5%左右的廣藿香精油，可以讓精油產生神祕的東方氣息，因此被廣泛的被使用在香水工業；加上它的味道非常持久，有時甚至可持續兩個星期之久，這種持久的特質，使它也經常被當成定香劑來使用。

●常用功效

抗發炎、殺菌

廣藿香精油中的主要成分之一，「廣藿香烯」的結構和德國洋甘菊中的「天藍烴」非常類似，所以也具有同樣的抗發炎功效。人們經常把它用來治療毒蛇咬傷和有毒昆蟲叮咬，具有抗發炎、殺菌、殺黴菌之功效。

調節皮膚

它還有促使細胞再生（與薰衣草和橙花精油的功效非常類似）的能力，這些能力使它非常適合用於保養皮膚和治療皮膚病，如皮膚粗糙乾裂、毛孔擴張、痤瘡、濕疹、香港腳及皮膚炎等皮膚問題，都具有相當療效。也可以改善頭皮屑、頭髮油膩等頭髮與頭皮的症狀。

歐薄荷 Peppermint

原產於歐洲。諸多薄荷油中，以英國溫帶氣候生產的薄荷油品質最好。

●常用功效

調節消化系統：薄荷精油對消化系統非常有益，特別是胃臟、肝臟和小腸。它具有抗痙攣的功用，可以平緩胃臟和腸管的平滑肌，因此可以治療腸絞痛、腹瀉、消化不良、嘔吐與減輕反胃的感覺。治療時，只要以稀釋的薄荷油以順時針的方向按摩胃部和腹部即可。喝些薄荷茶也可增強按摩功效。

減輕感冒症狀：薄荷可以減輕感冒和流行性感冒，因此時常以混合薰衣草、馬鬱蘭以及其他適合治療感冒的精油搭配使用。發燒時，可利用薄荷精油清涼的特性來退燒，同時，也能藉助薄荷促進流汗的特性，自然達成退燒的效果，或以吸入蒸汽的方式，清除鼻腔和鼻竇的阻塞。若將薄荷與薰衣草精油混和使用，可以相互增強彼此的功效。

調節皮膚：薄荷精油蒸汽可以清潔和清除皮膚的阻塞，還具有溫和的抗菌能力，因此可以控制皮膚表面細菌的生長，適合治療痤瘡。

清神醒腦：薄荷精油是「有助頭腦」的精油之一，也就是說，它可以刺激腦部思考、清除腦中雜念（羅勒和迷迭香也有雷同功效）。但由於薄荷精油的激勵功用具有累積性，最好不要長期使用，以免嚴重干擾正常睡眠。晚上勿使用薄荷精油，避免引起失眠。此外，由於薄荷的味道刺激強烈，還具有嚇阻六隻腳和四隻腳的小動物的功效。

苦橙葉 Petitgrain

　　苦橙葉精油是從提供橙花精油的苦橙樹身上獲得的，而苦橙葉精油與橙花精油之間也有某種類似性。以化學結構來說，苦橙葉精油和橙花精油非常類似，所以就醫療角度來看療效也十分類似，不過苦橙葉的鎮定效果相較之下較差一些。

●常用功效

抗憂鬱

　　苦橙葉精油不會對光敏感，是很好的抗憂鬱劑。可以配合佛手柑和其他可抗憂鬱的柑橘屬精油輪替使用（佛手柑有光敏性）。非常適合治療失眠症、抵抗憂鬱；特別是與寂寞、孤獨、情緒有點低落、不快樂與冬季憂鬱症患者相關的問題。

調理皮膚

　　在皮膚效用上，它可以減低皮脂的生產量，也是溫和的殺菌劑，因此非常適合用來保養皮膚；用於治療痤瘡或油性頭皮屑也都非常適合。

迷迭香 Rosemary

迷迭香學名 Rosmarinus officinalis，英文名「羅斯瑪麗」，拉丁原名意思為「海之朝露」。迷迭香的名字有著一種不可抗拒的誘惑力，讓人一聽就心情愉悅，如同它的香味一般。迷迭香精油是以蒸餾法自葉子中取得的，它的氣味穿透力強，以「溫暖而強烈」來形容迷迭香的功效與味道最貼切不過。

●常用功效

活化中樞神經系統

它對中樞神經系統的刺激功能非常顯著，是良好的大腦刺激劑，能刺激腦部與中樞神經，強化記憶力，幫助頭腦清晰，最適合學生及考生使用。此外，還能淨化空氣、舒緩緊張情緒，去除神經疲勞，解除頭痛或偏頭痛的症狀。

調理肌肉痠痛

它常用來調理肌肉痠痛，疏鬆四肢筋骨，減輕風濕症和關節炎所引起的疼痛，對於疲倦、僵硬工作過度的肌肉而言，是良好的止痛劑、按摩精油。

調節呼吸系統

氣味具有強大的穿透力，是治療呼吸系統的良藥，從普通感冒、鼻喉黏膜炎、鼻竇炎到氣喘等都很有效。但迷迭香精油是非常強烈的精油，藥效快又強，只要些微用量就足夠了。

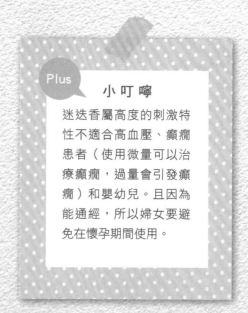

Plus

小叮嚀

迷迭香屬高度的刺激特性不適合高血壓、癲癇患者（使用微量可以治療癲癇，過量會引發癲癇）和嬰幼兒。且因為能通經，所以婦女要避免在懷孕期間使用。

殺菌

迷迭香精油具有強力的殺菌特性，因此可以延緩或避免肉品的腐敗。

促進血液循環，護髮＆護膚

它常被拿來製作香水及各式沐浴用品，有促進血液循環之效，並且對於護膚及護髮的功效很顯著，常被添加於各種保養品，可以使髮色加深、減少掉髮與增進頭髮的光澤，同時解決頭皮屑及掉髮的煩惱。

茶樹 Ti tree / Tea tree

茶樹（Melaleuca alternifolia），屬於桃金孃科（Myrtaceae），桃金孃科植物精油的重要特性，就是它們都能抗感染。茶樹學名為互葉白千層（Melaleuca altemifolia），所以和白千層、綠花白千層、丁香、尤加利及香桃木為同一科。白千層屬植物裡，最重要的精油就是茶樹。原產於澳洲，與我們日常所喝的茶葉（山茶科）或苦茶一點關係也沒有，在很久以前，即被澳洲原住民視為具有神奇療效之藥草。精油呈淡黃色，由於茶樹精油多方面的應用與療效，使得目前全世界對茶樹精油的需求僅次薰衣草精油，受到廣大民眾的喜愛與重視。

●常用功效

茶樹精油之所以重要，大多與以下兩種情況有關：

可以對抗細菌、黴菌和病毒等三類微生物感染

茶樹是強效的抗菌精油，流行感冒、唇部皰疹、黏膜發炎時建議使用此油；吸入茶樹精油蒸汽，可以治療鼻喉黏膜炎和鼻竇炎。同時也是殺菌防腐劑，抗發炎藥，抗生素，抗病毒藥，抗真菌劑，體外驅蟲劑，免疫刺激劑。很適合用來改善青春痘、港腳、膿瘡、傷風所引起的疼痛、頭皮屑、金錢癬、燙傷、外傷、蚊蟲叮咬、呼吸道疾病、傷風和流行性感冒、鵝口瘡和膀胱炎。

可以對抗細菌和病毒的精油很多，能夠對抗黴菌的精油卻很少，茶樹精油正具有殺死黴菌的功能。它抗黴菌的特性，可清除陰道的念珠菌感染，一般而言，對生殖器感染很有幫助，它可淨化尿道，改善膀胱炎，解除生殖器與肛門的搔癢，也可紓緩一般性的搔癢，如水痘和昆蟲叮咬的紅疹。

茶樹精油不會刺激皮膚，可與傳統治療痤瘡的薰衣草精油及佛手柑精油交替使用。

強力地激勵免疫系統

茶樹精油不會壓抑感染病源；相反的，它能增強身體免疫力以對抗感染。它可以治療感冒、流行性感冒與兒童的各種傳染病；用於泡澡可以刺激大量汗液的分泌，而大量汗水正是身體對抗感染的最佳反應。

最重要的用途是幫助免疫系統抵抗傳染性疾病，策動白血球形成防護線，以迎戰入侵的生物體，並可縮短罹病的時間，雖然不能治療 AIDS 病患，但可強化他們的免疫系統，當然，這必須由合格的醫療人員來執行。在開刀前用茶樹按摩，有助於強化身體，開刀後使用，則可安撫驚恐的情緒。它強勁的抗菌病毒與殺菌特性，可治療持續性感染，幫助病毒感染後的虛弱狀態，讓身體在復原的階段增添活力。

依蘭依蘭 Ylang-Ylang

　　依蘭依蘭是一種小型的熱帶植物，主要產地是菲律賓、爪哇、蘇門答臘、馬達加斯加，俗名為「花中之花」、「香水樹」。可進行蒸餾萃取精油的花有黃色、紫色與粉紅色，其中以黃色花朵蒸餾出的精油品質最好。蒸餾依蘭精油的時間相當長，所以在不同階段流出的精油，在香氣及成分上都各有不同，最先流出的精油品質最高，香氣最為精純，稱為「超特級依蘭」，其次為特級、一級、二級、三級，通常末段流出，品質較差的精油被稱為「康納加」（Canaga）。依蘭精油的顏色從無色到黃色皆有，氣味非常的濃厚香甜，濃度高時甚至讓人作嘔，不過它卻廣泛地被運用在香水工業，由於價格遠低於玫瑰與茉莉，故又被稱為「窮人的茉莉」。

●常用功效

放鬆

　　依蘭依蘭精油對神經系統有放鬆的效果，可以降低呼吸急促和心跳過速的問題。利用其抗沮喪、抗憂鬱及催情的特性，可以用來幫助改善因壓力或焦慮造成的性生活困難的人，給與平靜和放鬆，這就是它能夠催情壯陽的主要原因。

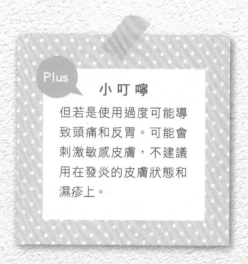

Plus

小叮嚀

但若是使用過度可能導致頭痛和反胃。可能會刺激敏感皮膚，不建議用在發炎的皮膚狀態和濕疹上。

平衡

　　它可以平衡皮脂分泌，所以對油性和乾性皮膚都有幫助。對頭皮也有刺激及補強的效果，使新生的頭髮更具光澤。此外，它在平衡荷爾蒙方面聲譽卓越，用以調理生殖系統的問題極有價值，對於經期不適、經前症候群、更年期障礙均有效果。基本上，可稱為子宮之補藥。

皮膚的吸收途徑

　　若說手工皂是時下最夯的產品，我想大家都會接受這個說法。不論是網路上、特色商品店、有機商店，處處有它的蹤跡，販賣的人也大肆宣傳手工皂的天然與手製用心，因此購買者在不懂製作流程，不懂添加物的效用之下，已經被置入許多模糊又似是而非觀念，買回家的產品是否真的如販售者所說功能強大，我想其中不乏自我感覺良好的假象。反正是手工的、天然的，那麼當然無庸置疑是上等的，是高檔的；再加上設計感十足，被吸引的人無不拜倒於它美麗且天然的樣貌之下。

　　但回溯源頭，購買者起心動念或被打動的原因究竟何在？是因為天然因素？環保因素？或愛美的美容因素？同樣的，想學作皂的人又是基於何原因？我每堂上課的開端，都是先詢問學生是因何原因來學作皂——省錢？愛地球？關心家人？或愛漂亮？或多或少四種原因兼具，但在心中所占的比例只有自己最清楚。我也總是在課堂上問學生，每次洗澡的時間大概多久？十分鐘？或十五分鐘？在短短的沐浴時間內若是期待手工皂能美白、能緊實肌膚……那可能要讓大家失望了！

　　手工皂的本質畢竟就是清潔用途，且因其天然的特質所以不會在皮膚上造成殘留，才能讓使用者的皮膚漸漸趨於健康。皮膚的代謝至少需要兩週的時間，膚質的健康與飲食、生活作息、運動習慣息息相關，絕不可能只因那短短的沐浴時間即能達到神奇效果。那麼，療效的部分就更難以被認可了。而你知道為手工皂中的有效物質是如何被皮膚吸收的嗎？皮膚吸收的途徑又是如何呢？本節便來討論皮膚的特性。

　　皮膚對很多物質而言，是半穿透性的保護層。天然皮脂可滲透到細胞間隙，細胞本身具有雙重脂質，因此脂肪分子可以通過角質層在細胞間或通過細胞找到出路。此外，油的黏性也是滲透皮膚的影響因素之一，所謂黏性即為

　　黏稠度，或說影響物質流動性的程度，黏性影響某些植物油的滲透與吸收，有些黏稠性高的植物油，如橄欖油、甜杏仁油，人體吸收較慢；某些高黏稠性的油脂，如豬油和綿羊油會延遲甚至阻礙皮膚吸收；至於低黏性的植物油，如葡萄籽油、亞麻籽油，則很快就被吸收。雖然大致如此，但也有例外，如酪梨油儘管黏性高，卻以易於吸收的特質聞名，並且還可以幫助部分溶解其中的物質滲透進皮膚。

　　另一個影響皮膚滲透與吸收的因素，是植物油的飽和程度，植物油的不飽和程度越高，穿透力越佳，所以，若在植物油中增加短鏈或不飽和脂酸化合物含量，則有助於皮膚的滲透與吸收。

皮膚並不只限於覆蓋和包圍身體的功用而已，它還是人體最大的器官。對芳香療法來說，皮膚具有相當重要的地位，它是精油進入血液、循環全身的兩大主要途徑之一（另一途徑是透過肺臟）。皮膚具有「半透性」，該分子能否進入皮膚，必須依其粒子大小而定，精油的分子很小，因此可以輕易地進入皮膚。精油進入皮膚之後，就進入了細胞間質液中，從而穿過淋巴管和微血管的管壁，接著芳香分子就進入血液循環之中，開始運行全身。由此可知，精油透過皮膚進入人體是一種非常有效率、安全的方法。

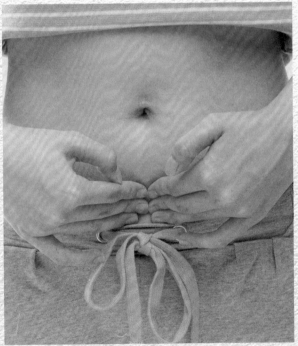

精油適用膚質

油性膚質	苦橙葉、迷迭香、雪松、山雞椒、快樂鼠尾草、檸檬香茅、廣藿香、佛手柑、絲柏、檀香、葡萄柚、杜松
熟齡膚質	玫瑰、檀香、花梨木、橙花、薰衣草、茉莉、天竺葵、乳香、胡蘿蔔籽、馬鬱蘭

精油功效

●常用功效

＊**佛手柑**：可治牛皮癬、濕疹，適用於油性膚質，可改善面皰。

＊**雪松**：可收斂出油髮質及皮膚，對痘痘、頭皮屑、頭皮皮脂頗有功效，可強化髮質，改善粗大毛孔。

＊**洋甘菊**：適用於敏感肌膚，對痘痘、皮膚搔癢、切割傷、皮膚炎、牛皮癬、濕疹、蕁麻疹、皮膚潰瘍頗有功效。

＊**快樂鼠尾草**：可抑制油脂分泌過旺，對牛皮癬、發炎、潰瘍、昆蟲咬傷、切割傷頗有功效，可促進傷口結痂，恢復皮膚活力。

＊**丁香**：可治傷口感染、潰瘍、痘痘、切割傷。

＊**絲柏**：收斂油性膚質及髮質，改善粉刺、橘皮組織。

＊**檸檬尤加利**：可對治黴菌感染的頭皮屑、香港腳，能除臭，對於有關免疫低下所引發的白色念珠菌感染、黴菌感染、疱疹、過敏或金黃色葡萄球菌感染、發燒、感冒也頗有功效。

＊乳香：治療皮膚傷痕、創傷，促進皮膚細胞再生，
能平衡皮脂分泌，增加皮膚彈性，預防細紋，適用於
成熟型膚質的保養。

＊天竺葵：對粉刺、痘痘頗有功效，能促進皮下組織血液循環，平衡皮脂分泌，
淨化毛孔，可治濕疹、橘皮組織。

＊薑：能殺菌、清潔、驅風、抗痙攣，使氣色紅潤，促進排汗，帶來溫暖情緒，
適用於關節炎、風濕痛、關節腫脹、肌肉痠痛疲勞。

＊茉莉：能調理所有膚質，用於乾燥且敏感膚質能獲得最大功效。

＊杜松：調理油性肌膚，改善牛皮癬、粉刺痘痘。

＊薰衣草：適用所有膚質，能平衡皮脂分泌，治淤血、燒燙傷，可促進皮膚細胞
再生，幫助傷口療癒、淡疤，治皮膚發癢、潰瘍、膿腫，可幫助皮膚清潔與排毒，
治牛皮癬、濕疹。

＊檸檬香茅：具強力抗菌、抗霉、除臭功效，是超強驅蟲劑，可改善毛孔粗大，
並緊實鬆垮的皮膚組織及橘皮組織，收斂皮脂。

＊馬鬱蘭：預防妊娠紋，對於老化及乾燥肌膚有不錯的調理，對疲倦、失眠、肌
肉痠痛、肌肉僵硬、運動後的肌肉緊繃、關節炎、關節腫脹或僵硬、風濕痛、
抽筋都有不錯的功效。

＊橙花：幫助細胞再生，尤其適合乾燥及敏感膚質，具平撫疤痕、預防妊娠紋、
皮膚黴菌感染、香港腳、皮膚過敏、蕁麻疹之功效，亦可預防產生橘皮組織。

＊玫瑰草：可殺菌，能促進細胞再生，具保濕、平衡皮脂分泌、預防皺紋、調理
粉刺痘痘之功效，緩解皮膚發炎、濕疹、牛皮癬、淡化疤痕、黴菌感染之情況。

＊廣藿香：治療皮膚炎、濕疹、乾裂、表皮傷口、黴菌感染，可調理油性肌膚，
緩解頭皮屑、掉髮之情況，亦可促進傷口癒合。

* **歐薄荷**：調理油性髮質，減少頭皮屑，紓解搔癢，具收斂、退燒、助消化、驅蟲之功效，能提振精神，適合精神委靡、沮喪等情況。

* **苦橙葉**：能平衡皮脂分泌，調理過油膚質，增加皮膚彈性，具保濕功效。對皮膚炎、痘痘、痘疤、粉刺、傷疤、燒燙傷、曬傷、排汗過多、濕疹、牛皮癬，都有不錯效果，適用於油性髮質，可消除異味。

* **玫瑰**：可改善皮膚老化，適用於成熟肌膚、敏感膚質、乾性膚質，也是子宮的滋補調理劑。

* **花梨木**：可促進細胞再生，治療粉刺、皮膚炎，適合調理乾性、成熟老化型、細紋及敏感型、受損膚質。

* **迷迭香**：可提神醒腦，集中注意力，舒緩神經疲勞、壓力，可緩解慢性疲勞症、頭痛、肌肉痛、運動後的肌肉緊繃，也可調理油性髮質與膚質，活化頭皮與毛囊、刺激頭髮生長，減少頭皮屑及落髮，使髮色加深且增加光澤，改善髮質；亦可清潔皮膚，減少粉刺的發生。

* **檀香**：平衡油性膚質，改善極度乾燥、龜裂的膚況，對油脂分泌不足的缺水性皮膚、老化肌膚、皺紋、濕疹、牛皮癬、皮膚搔癢、皮膚炎、粉刺痘痘、燒燙傷、曬傷、情緒性的掉髮、頭皮炎、乾性頭皮屑有不錯效果。

* **茶樹**：清潔效果非常好，對於受到感染的傷口及燒燙傷傷口、粉刺痘痘、香港腳、黴菌感染，頭皮屑特別有效。

* **伊蘭依蘭**：平衡皮脂分泌，可護髮，抗憂鬱與焦慮；平衡內分泌，是子宮的滋補劑。

收斂	安息香、雪松、絲柏、乳香、天竺葵、杜松、檸檬、香桃木、廣藿香、薄荷、玫瑰、迷迭香、檀香、檸檬、尤加利
粉刺 / 痘痘	薰衣草、茶樹、佛手柑、天竺葵、廣藿香、薄荷、苦橙葉、雪松、玫瑰草、香蜂草
敏感	花梨木、洋甘菊、橙花、玫瑰、茉莉、香蜂草
抗皺	乳香、廣藿香、橙花、玫瑰草、苦橙葉、花梨木、檀香
促進細胞再生	乳香、胡蘿蔔籽、天竺葵、薰衣草、桔、玫瑰草、橙花、玫瑰、廣藿香、花梨木、丁香、岩蘭草
頭皮	雪松（油）、山雞椒（油）、苦橙葉（油）、迷迭香（油／掉髮／頭皮屑）、廣藿香（頭皮屑／掉髮）、茶樹（頭皮屑）、快樂鼠尾草（油／頭皮屑）、依蘭依蘭、檸檬尤加利（頭皮屑）、香蜂草（頭皮屑）、歐薄荷（油／頭皮屑）
濕疹	薰衣草、洋甘菊、香蜂草、橙花、廣藿香、天竺葵、佛手柑、玫瑰草、苦橙葉
除臭	安息香、佛手柑、尤加利、天竺葵、薰衣草、檸檬香茅、廣藿香、花梨木、苦橙葉
平衡皮脂分泌	天竺葵、薰衣草、檀香、乳香、玫瑰草、依蘭依蘭

一起來調香

　　芳香的氣味可提升產品的附加價值，使該產品更具吸引力，無論是為了配合消費者的喜好，或品牌形象的建立，添加香料似乎是產品的必要條件之一。市售香皂為了留香的持久性，通常是添加香精，手作者除了香精之外，可以有另一種選擇——加植物精油；很明顯的精油的易揮發特性使得香氣清淡許多，且某些精油的價格昂貴讓人望而卻步，但若是考量到產品的天然性，以精油賦予香氣確是唯一的選擇。

什麼是單方／複方精油 ？

●單方精油

　　使用「單一」品種植物所萃取出來的精油作為配方。使用於急性症狀、急救、低劑量需求時。

●複方精油

　　同時使用了兩種或兩種以上的單方精油在所調和的配方，利用精油和精油之間的「協同作用」，使其功能發揮得更好，同時也能創造更豐富的香味。使用時機為同時需要調理多種症狀，或調製香味時。

什麼是前調—主調—基調？

●前調（TOP NOTE）

是指最先被聞到的精油香味，也是最早就消散的精油香味，前調精油具有極高的揮發速度，按照前調精油的種類不同，其香味能維持數分鐘到數小時之久，有些書籍也稱之為「頂調（Head Note）」例如：檸檬。

●主調（BODY NOTE）

是指接下來被聞到的精油香味，這種精油的香氣會徘徊一陣子然後才消失，這類精油的揮發度比前調慢些，大部分的配方中的主調香味都占了大部分，主調香味能維持較久，有些作者將中調稱為「心調（Heart Note）」，因為這類的精油占了整個配方的「中心」，例如：薰衣草。

●基調（BASE NOTE）

是指最後才顯現的精油香味。基調精油的揮發速度最慢，這類精油會在前調與主調都消散後還持續徘徊著，隨著精油種類的不同，基調可持續好幾天之久，例如廣藿香的精油可以持續揮發一個星期。你也可能聽過基調被稱為「底調（Bottom Note）」或「尾調（Tail Note）」，基調在配方中會使其他調性的精油揮發度降低，這也是為什麼基調精油在香水界都被稱為「定香劑」，因為它們會將香氣「鎖定」，不那麼迅速消失，例如：安息香、岩蘭草、廣藿香。

前調		主調		基調
萊姆				
黑胡椒	檸檬	羅勒	羅馬洋甘菊	安息香
佛手柑	綠花白千層	天竺葵	牛膝草	乳香
花梨木	松針	香桃木		永久花
胡蘿蔔仔	桔	快樂鼠尾草	丁香	沒藥
雪松	甜橙	檸檬香茅	菩提花	廣藿香
白千層	茶樹	摩洛哥玫瑰	依蘭	檀香
絲柏		大馬士革玫瑰	橙花	穗甘松
荳蔻	歐薄荷	茉莉	檸檬馬鞭草	岩蘭草
薑	羅文莎葉	山雞椒	純正薰衣草	橡樹苔
葡萄柚		醒目薰衣草	穗狀花絮薰衣草	賴百當（岩薔薇）
月桂		馬鬱蘭　玫瑰草　苦橙葉　迷迭香		德國洋甘菊
樅針	紅柑			
杜松	百里香			

　　由於手工皂的製程包含長達一個月的晾皂期，以精油的高揮發特性，入皂後通常味道偏淡，甚至聞不到；以前調中的檸檬為例，通常晾皂至可以使用時已經聞不到檸檬味了！精油單價相對都是昂貴的，入皂又聞不到，不免浪費。所以前調類精油不建議入皂，改以主調搭配基調來運用是較理想的。

　　你可能會發現有些精油會重複出現在這三種調性中，或薄荷出現在這本書的前調精油列表中，但另一本書卻將它當成中調精油。有些人的確會另外製作「居間」的調性分類，像是「主／前調」的分類架構，但要記得即使是精油專家，對這些精油的香味調性分類看法也不會一樣。不妨以自己的經驗重新調整這些精油的分類，創造自己的「前調—主調—基調」的香味。

參考書目

《純天然手工皂》前田京子／瑞昇文化

《程老師手工皂講義》程亦妮、穆俊龍／儷活綠色生活館

《芳香療法 · 植物油寶典》Len Price, Ian Smith, Shirley Price ／世茂出版

《植物油芳香療法》Jan Kusmirek ／世茂出版

《植物油全書》Ruth von Braunschweig ／商周出版社

《其實，你一直吃錯油》山田豐文／天下文化

《油脂化學》畢艷蘭／化學工業出版社

《食用油脂化學及加工》財團法人食品工業發展研究所

《化妝品化學》易光輝、歐明秋、徐照程／華杏出版股份有限公司

《化妝品化學》趙坤山、張效銘／五南圖書出版公司

你 可以手創你的

生活態度

- 🌾 面膜土原料
- 🌾 手工皂原料
- 🌾 保養品原料
- 🌾 蠟燭原料
- 🌾 矽膠模·土司模

手工皂／保養品　基礎班&進階班　**熱烈招生中** ▶

國家圖書館出版品預行編目資料

不玩花樣！約瑟芬的手工皂達人養成書／約瑟芬著.
--初版.-- 新北市：雅書堂文化, 2015.06
面；　公分.--（愛上手工皂；06）
ISBN　978-986-302-168-1（平裝）
1. 肥皂
466.4　　　　　　　　　　　　　　　101016703

【愛上手工皂】06

不玩花樣！
約瑟芬的手工皂達人養成書

作　　　者／約瑟芬
社　　　長／詹慶和
總 編 輯／蔡麗玲
執行編輯／陳姿伶
編　　　輯／蔡毓玲・劉蕙寧・黃璟安・白宜平・李佳穎
執行美編／陳麗娜
美術編輯／李盈儀・周盈汝・翟秀美
繪　　　圖／范思敏（Jasmine Fan）https://www.facebook.com/jazzswonderland
攝　　　影／賴光煜
出 版 者／雅書堂文化事業有限公司
發 行 者／雅書堂文化事業有限公司
郵政劃撥帳號／18225950
戶　　　名／雅書堂文化事業有限公司
地　　　址／新北市板橋區板新路206號3樓
電　　　話／(02)8952-4078
傳　　　真／(02)8952-4084
網　　　址／www.elegantbooks.com.tw
電子郵件／elegant.books@msa.hinet.net

2015年06月初版
2015年07月初版二刷　定價／480 元

總經銷／朝日文化事業有限公司
進退貨地址／新北市中和區橋安街15巷1號7樓
電話／02-2249-7714
傳真／02-2249-8715